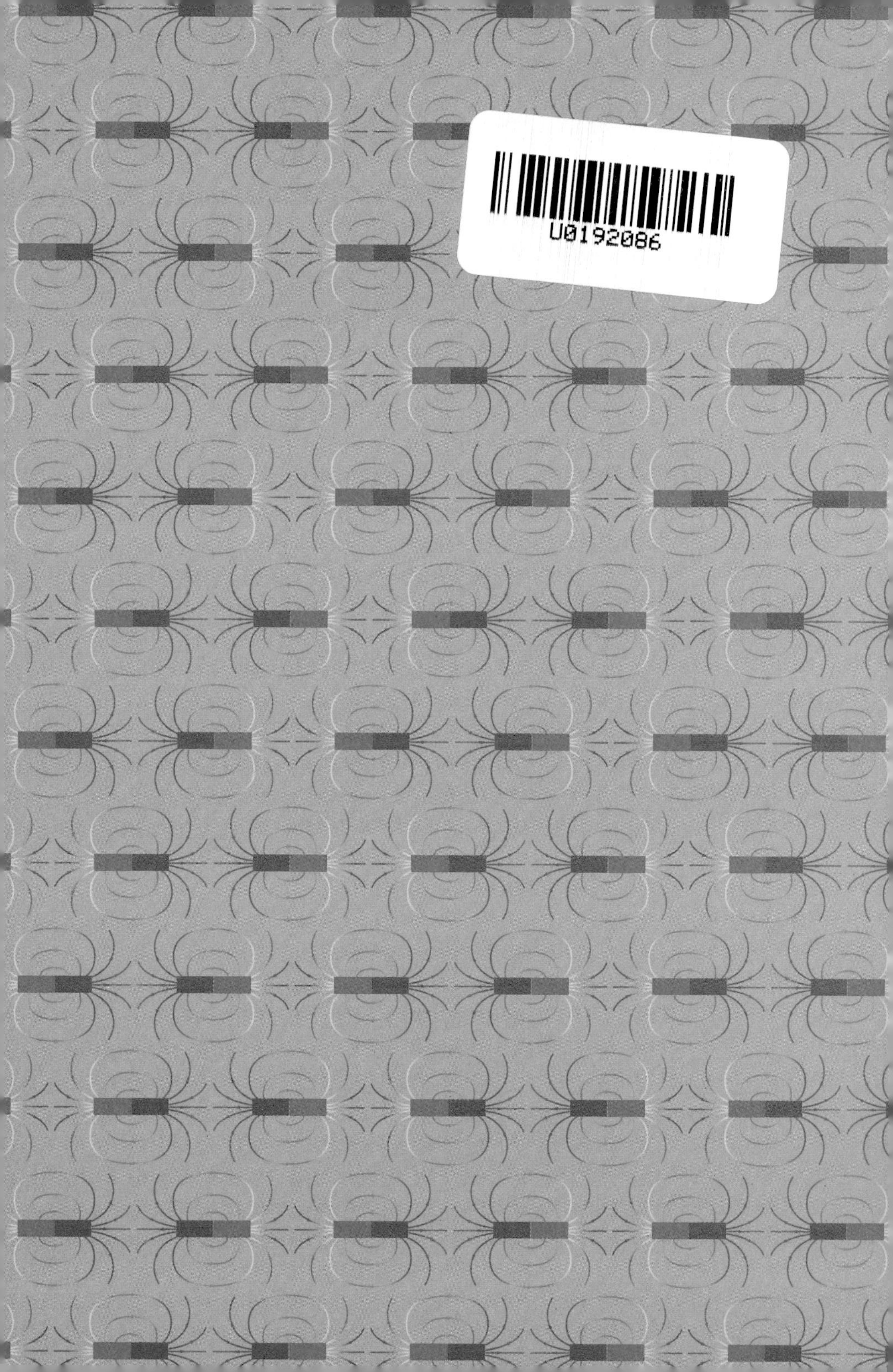
U0192086

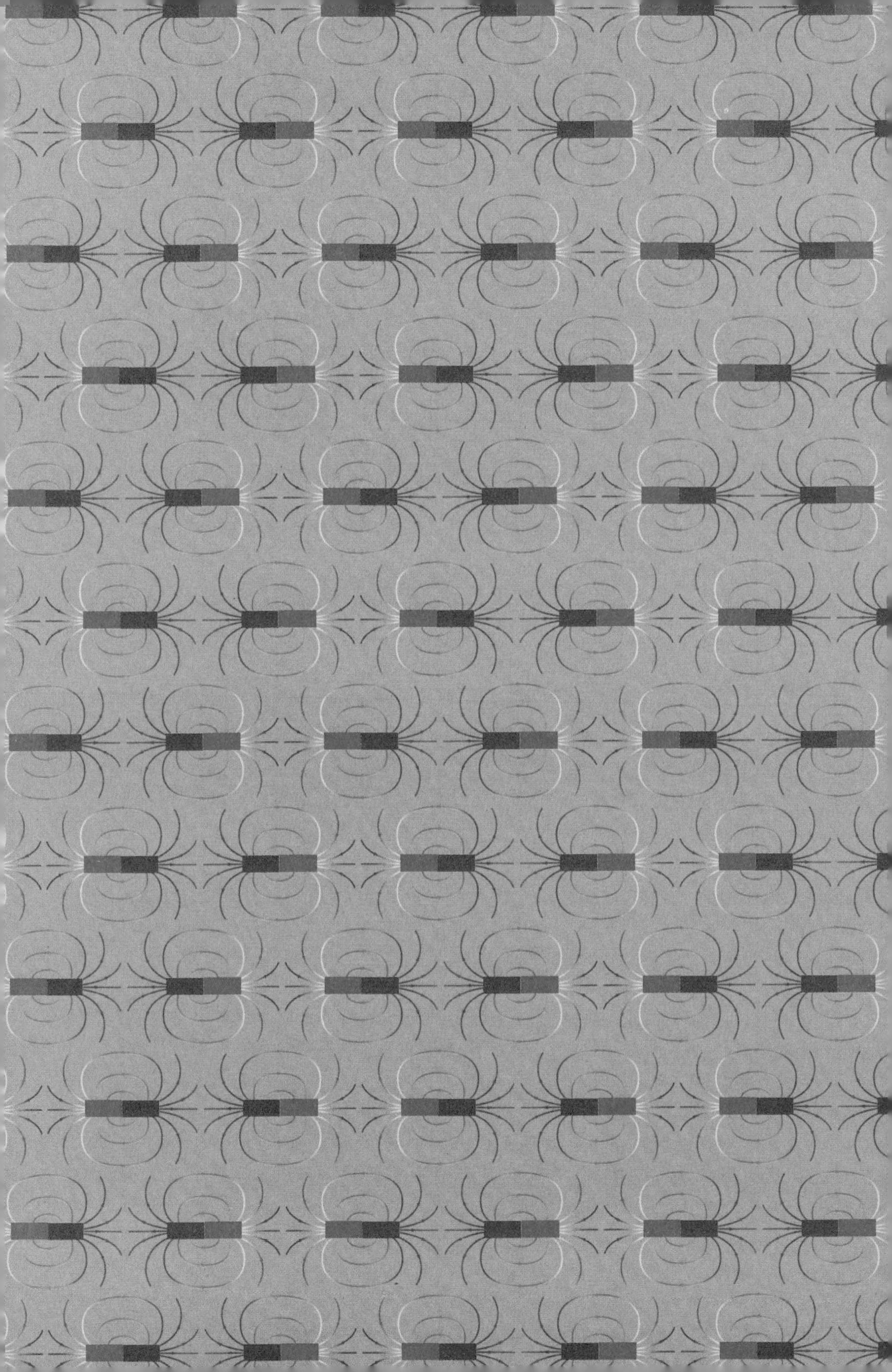

迈进科学的大门
拥抱有趣的世界

原来这就是电磁

【韩】高在贤（著）
【韩】方相皓（绘）
章科佳 徐文君（译）

華東理工大學出版社
EAST CHINA UNIVERSITY OF SCIENCE AND TECHNOLOGY PRESS
·上海·

图书在版编目（CIP）数据

原来这就是电磁 /（韩）高在贤著；（韩）方相皓绘；章科佳，徐文君译. —上海：华东理工大学出版社，2023.1

ISBN 978-7-5628-6944-3

Ⅰ.①原… Ⅱ.①高… ②方… ③章… ④徐… Ⅲ.①电磁学－青少年读物 Ⅳ.①O441-49

中国版本图书馆CIP数据核字（2022）第172387号

著作权合同登记号：图字 09-2022-0677

전자기 좀 아는 10 대
Text Copyright © 2020 by Ko Jaehyeon
Illustrator Copyright © 2020 by Bang Sangho
Simplified Chinese translation copyright © 2023 by East China University of Science and Technology Press Co., Ltd.
This Simplified Chinese translation copyright arranged with PULBIT PUBLISHING COMPANY through Carrot Korea Agency, Seoul, KOREA
All rights reserved.

策划编辑 / 曾文丽
责任编辑 / 陈婉毓
责任校对 / 陈　涵
装帧设计 / 居慧娜
出版发行 / 华东理工大学出版社有限公司
地址：上海市梅陇路 130 号，200237
电话：021－64250306
网址：www.ecustpress.cn
邮箱：zongbianban@ecustpress.cn
印　　刷 / 上海四维数字图文有限公司
开　　本 / 890 mm × 1240 mm　1/32
印　　张 / 5.25
字　　数 / 78 千字
版　　次 / 2023 年 1 月第 1 版
印　　次 / 2023 年 1 月第 1 次
定　　价 / 39.80 元

版权所有　侵权必究

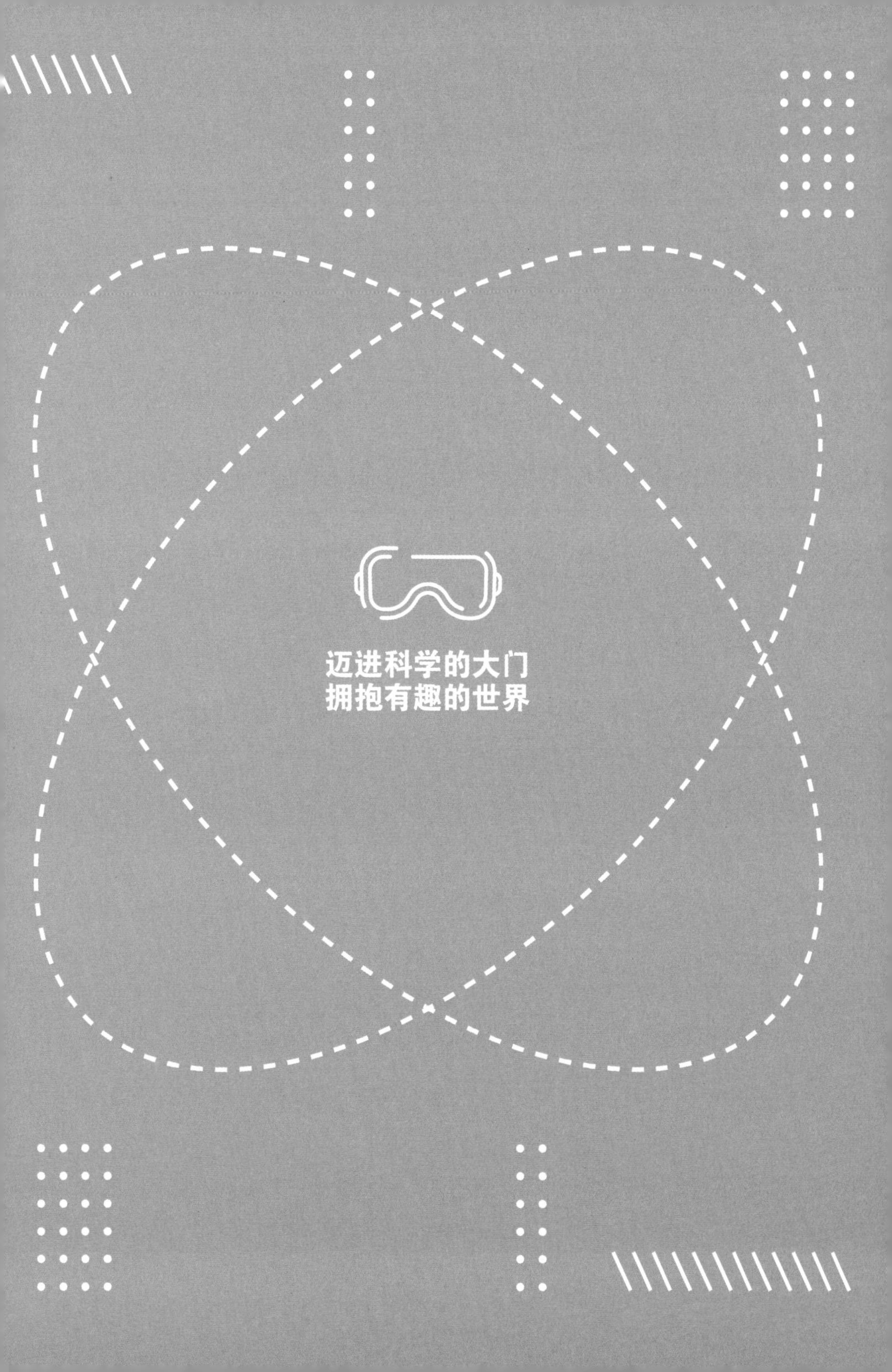
迈进科学的大门
拥抱有趣的世界

划过天空的闪电到底是什么?

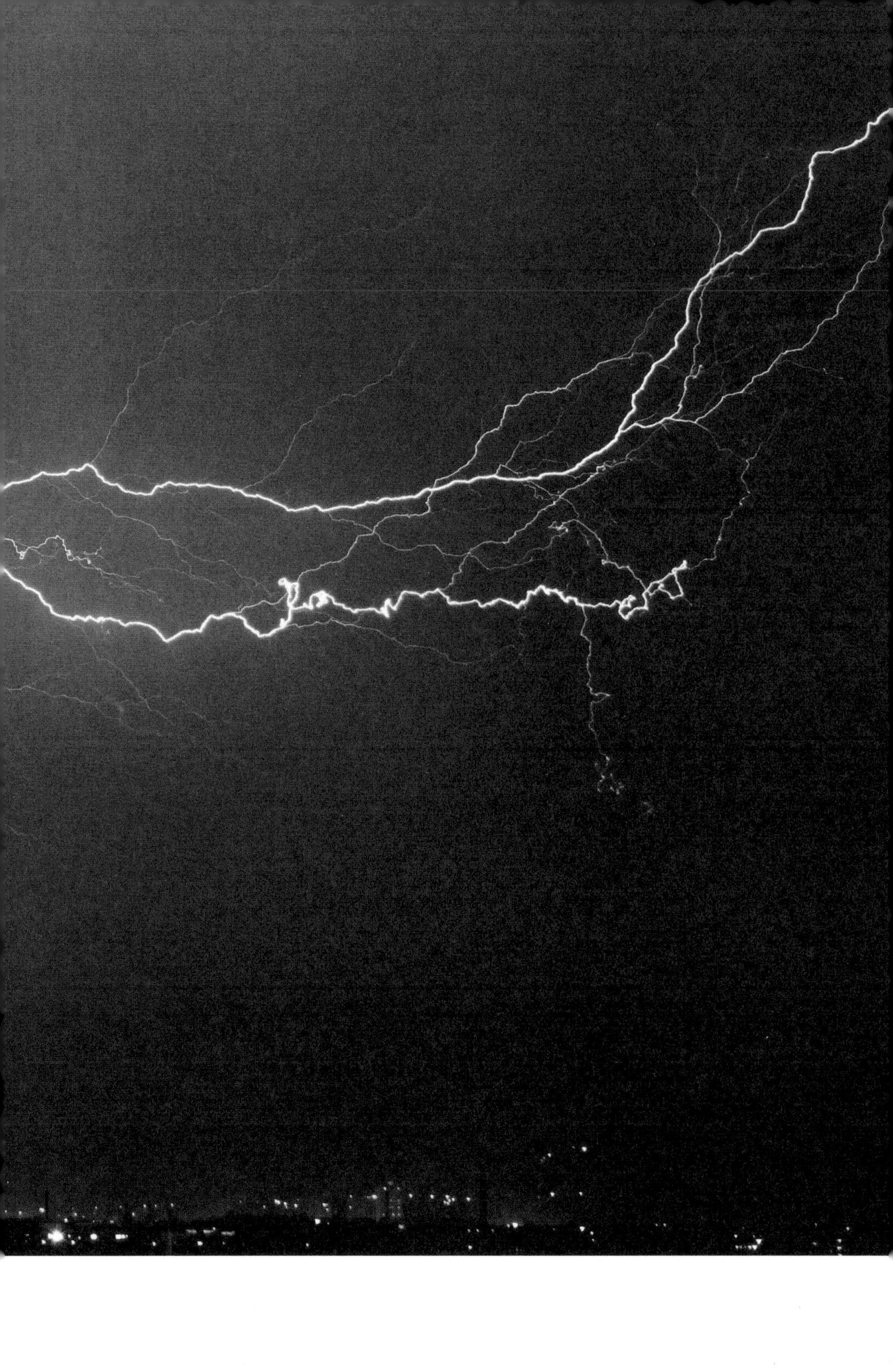

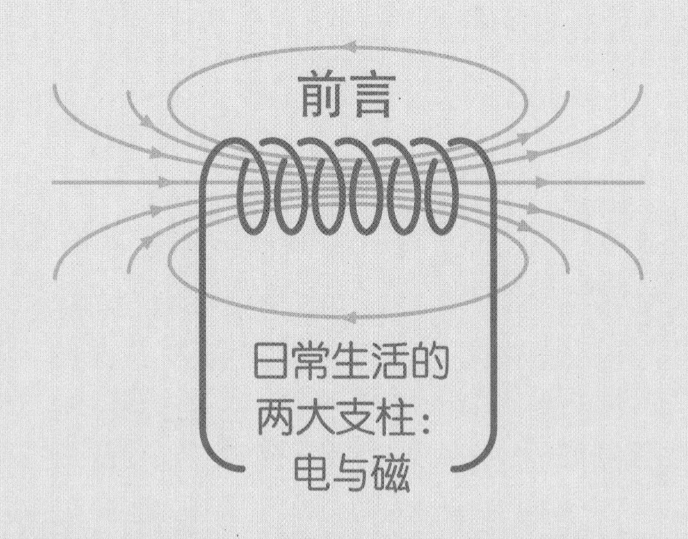

前言

日常生活的两大支柱：电与磁

春光明媚，天色正好，你在做什么呢？哦，原来是准备出门见朋友。出门时一定要带的是什么呢？手机和充电宝！和我一样。现如今，手机已成为我们生活中不可或缺的一部分。手机刚诞生的时候，俗称“大哥大”，像砖头一样又大又沉，只有发短信和打电话的功能，这样一块“大砖头”是怎么随身携带的呢？现在想想都觉得不可思议，但在当时，仅是能边走边打电话这一个功能，就足以让人惊叹不已。现在的手机，不仅体积缩小了很多，而且功能繁多，你可以用它打游戏、看电影，或者登录常用的社交软件，甚至网上支付，真是太神奇了。

手机已经深入我们的日常生活，就像是我们与世界相连的一根纽带。外出时，你是不是也有过这样的感觉——当手机的电量随着时间的流逝而不断减少时，就会觉得自己与世界相连的那根纽带不断地变细，似乎马上就要断了，因而格外焦躁不安。此外，当听到新闻播报说，小区内或电线杆上的变压器因为超负荷跳闸而导致整个小区停电时，也会不自觉地感觉胸闷。周围都是一些冷冰冰的电器，如冰箱、电视、电脑和灯具等，自己仿佛被囚禁在一片漆黑之中而感到局促不安。如上所述，我们生活中所有电器的运转都离不开电，很难想象没有电的世界是什么样子的。

那么，电究竟是什么呢？为什么只有把电器的插头插入墙或插排上的插座才能通电呢？在信息革命取得巨大进展的现在，为什么我们还没有摆脱用电线取电的传统方式呢？而已经步入发展正轨的无线充电技术会给供电体系带来怎样的技术革命呢？你是否也有过以上这些疑问？

要想回答这些问题，首先要明确电是什么。在本书中，我们将从支配我们日常生活的电入手，揭开它的本质，接着对电荷、电流、电压、电阻、电功率等我们有所耳闻却不甚了解的概念进行逐一讲解，并帮助大家理解与它们相关的技术及应用。

啊，稍等，差点忘了。在开启我们的“电之旅”之前，要是能带上“电”的孪生兄弟——“磁”，就会更容易理解电现象了。那么，磁又是什么呢？你有没有听过“电磁”这个词吗？哦，听说过“光是一种电磁波”？看来，你已经读过《原来这就是光》这本书了。是的，光的本质就是电磁波，这里的“电磁”是由“电”和“磁”两个字组合而成的，“电”和“磁”是一对形影不离的孪生兄弟。因此，在这次“电之旅”中，“磁”必须结伴同行。

说起磁，你会最先想到什么呢？磁铁？对！磁铁是一种会产生磁现象的典型物体。除此之外，还有什么呢？你对磁现象和电现象都很陌生？悄悄地跟你说，忽视磁现象的话，你可能会遭殃。它在我们生活中的应用场景肯定会让你大吃一惊，先看几个例子吧！

废车场里将车吸起来的电磁铁、往返于市区和机场的磁悬浮列车，还有最近生活中常见的扫地机器人，都应用了磁技术。究其根本，是电磁铁和电动机，还有发电机、扬声器、回旋加速器等，不胜枚举。只要你精读这本书，对电和磁有一定的了解之后，相信你自己也能寻找相关事例了。但在此之前，希望你能记住：电和磁总是紧密相连、不可分割的；说到电，必然也会说到磁；提到磁，自然也离不开电。而弄清楚它们之间的联系正是本次旅行的目的之一。

这样，本次旅行的内容就已经很清晰了。先来认识一下电，还有与之紧密相关的磁现象，进而明白它们产生的作用力——电磁力，它可以解释我们日常生活中的大部分现象。

在旅行开启之前，再给你一点提示。我们旅行的出发点是“原子”，而终点是“光”。换句话说，这是一次从原子到光，并在这一过程中理解电和磁的旅行。什么？嫌我说得太深奥？与其在这里听我胡扯，还不如去开一局游戏？嘿，别这样，请稍等一下。正如前面所说，要想了解日常生活的构成，首先要理解电现象和磁现象。而要想很好地理解这两种现象，首先要了解原子的结构，里面藏着了解电和磁的线索。认识了电和磁之后，你就会明白它们手牵手对唱的歌谣，就是我们见到的光。

早在古代中国和古希腊罗马时期，人类就已经认识到自然中存在电现象和磁现象。古人虽然没有完全理解其原理，但已经会利用磁现象制成指南针并应用于航海。从科学发展史来看，人们对电和磁的研究是分开的。因为静电引起火花等电现象和磁铁吸附铁等磁现象在表面上看起来毫不相关，所以当时的人们并没有意识到它们之间的内在联系会是如此的紧密。但在18—19世纪，人们在实验中找到了电与磁紧密相关的证据，从而实现了电与磁的统一。在这个过程中，最先发现电与磁关系的是英国科学家迈克尔·法拉第，随后英国科学家詹姆斯·克拉克·麦克斯韦阐明了电与磁在实质上的统一性，提出了电磁理论。而这最终让前面提及的电磁波和光的理论登上了历史舞台。简而言之，麦克斯韦统一了电和磁的理论，并为后来研究光的理论——光学的建立奠定了基础。

对电和磁的研究是支撑现代科学大厦的主要支柱之一，我将和你一起探索这一支柱是如何建立的。对电和磁的理解是我们理解开创信息通信文明的现代科学的基础，同时，电和磁也与半导体和显示器、第四次工业革命、能源技术等新闻中频繁出现的科技主题息息相关。可以预见，随着工业的发展和技术的革新，我们的生活将变得更加美好。然而，我们不仅要理解技术，更要理解这些技术背后的科学原理，才能成为能动地利用技术的主体，而非从属于技术的被动存在。从这个角度来说，我坚信本次旅行会为你提供理解现代科技文明的线索。好，现在让我们奋力迈出第一步吧！

目录

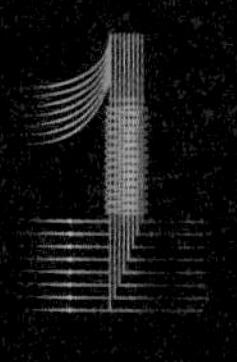

电荷与静电力

电流与电压

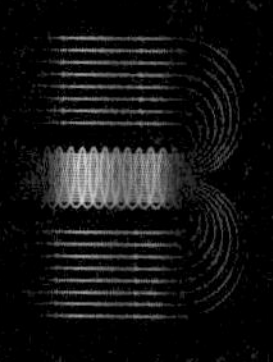

磁铁与磁场，电流与磁场

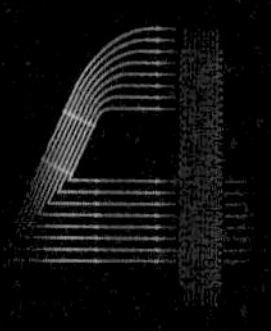

磁场的世界

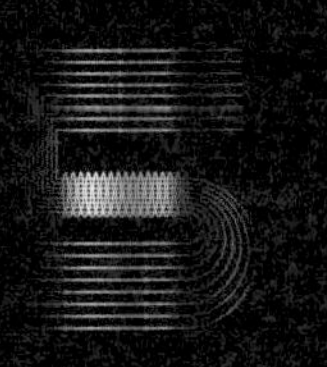

电磁感应

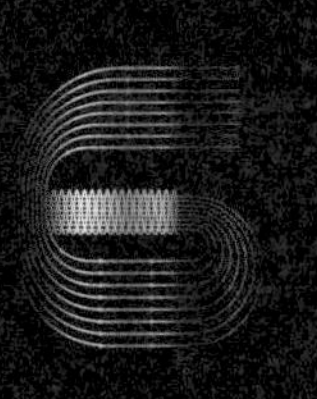

进入电磁波的世界

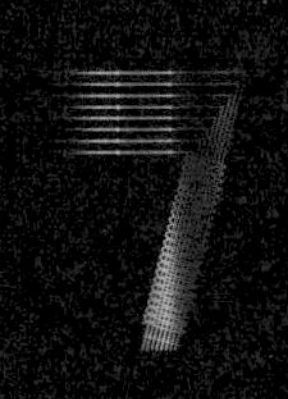

新技术革命和电磁

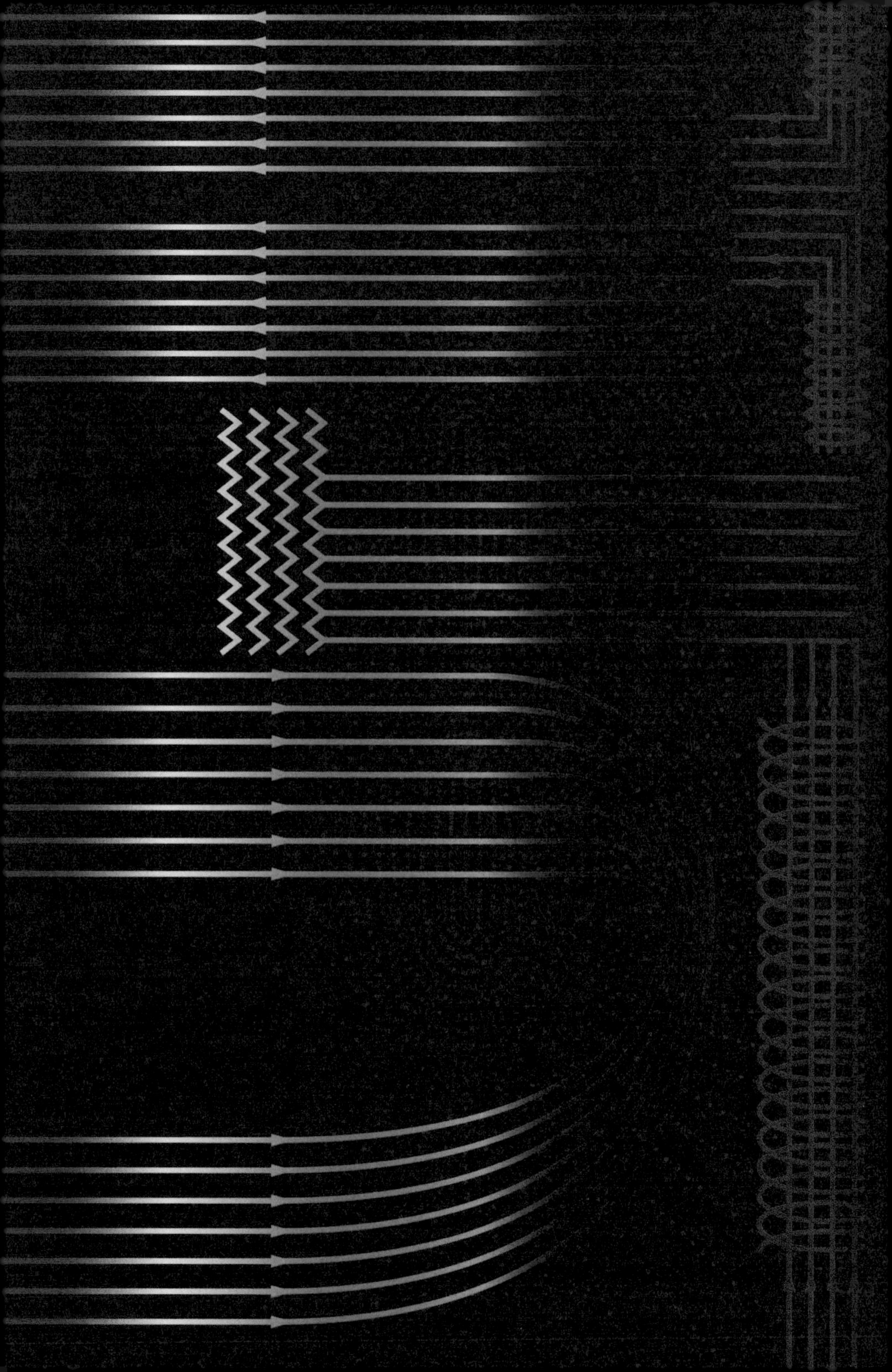

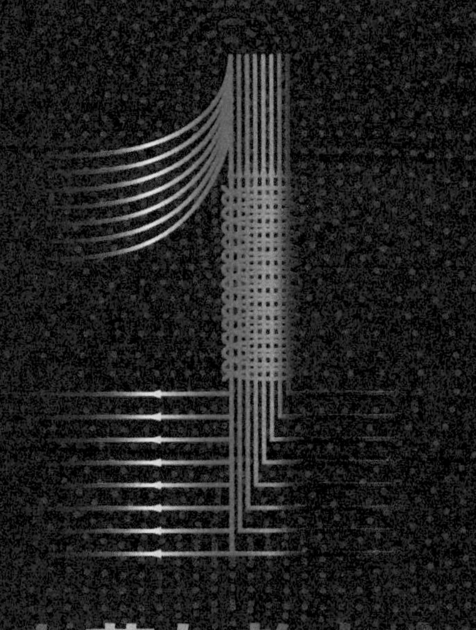

电荷与静电力

静电是什么？

在天气干燥的冬季，有什么总是困扰着人们？你可能会说是寒冬腊月刺骨的寒风和结冰的道路，但肯定有不少人会立刻想到无处不在的静电。在秋冬季节，当我们打开车门、穿毛衣，以及与他人握手时，它常常会一闪而过，给我们带来瞬间的冲击与不适。正如图1-1所示，静电使泡沫塑料牢牢地吸附在猫身上。有时还会使物体吸引小纸片和碎布的静电，到底是什么呢？我们每天使用的电与静电之间有什么关系呢？我们的故事就从这些日常的“小好奇”开始。

图1-1　铲屎官，这些东西为什么吸附在我身上？

早在古希腊时期，人们就发现了摩擦起电的现象。你听说过琥珀吗？琥珀是由松树等植物分泌的树脂在地下经过复杂过程形成的生物化石（图1-2）。琥珀因色泽莹润而被当作宝石，为了保持其光泽，人们会用布料或其他物体擦拭，但在擦拭后经常会看到布屑和碎布等被吸附在它上面。当时的人们不了解其中的原因，只觉得非常神奇，便认为琥珀是“神的矿物”，里面居住着“灵魂”。古希腊贤者泰勒斯（Thales，前625？—前547？）将极易吸附物质的琥珀取名为“ilektron”。有趣的是，这也成为现在英文单词“electron”（电子）的词源。后来人们才知道，不仅是琥珀，很多物体都可以通过摩擦而带电，并且世界上存在正、负两种电荷，它们

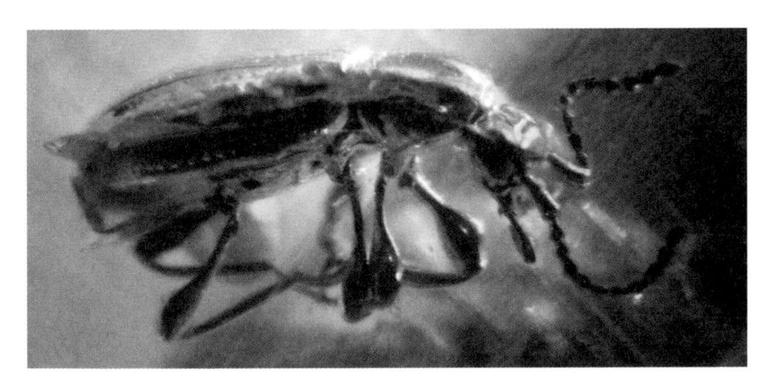

图1-2　树脂形成的琥珀。若其中有昆虫或其他生物，则更显珍贵

之间是相互作用的。

静电现象与盛夏时经常出现的闪电存在联系，这两种现象只是规模不同，但都与**电荷**（electric charge）有关。可以这样说，闪电就是天空上演的大片级静电现象。你之前听说过电荷吗？嗯，还听过正电荷和负电荷？没错，电荷就是电现象中的中心位主角。正电荷和负电荷一般处于平衡状态，不会轻易暴露自己的真实身份，然而静电或闪电等日常生活中的电现象都在时刻提醒着我们电荷的存在。

电荷之间相互作用产生的力，即静电力（广义上应称为电磁相互作用力，属于后文中提到的四大基本力），隐藏于日常生活中各种电现象的背后。而要想更深入地认识电荷，首先要从物质的基本构成单位——原子说起。现在，我们早已知晓周围所有的物质（甚至是身体！）都是由原子构成的。关于原子的历史，最早可追溯到古希腊时期德谟克利特提出的“原子论”（万物由原子构成）。其间的细枝末节，受限于篇幅无法一一陈述。在本书中，我将直接讲述现代科学家所观察到的原子。

电荷的起源

德谟克利特（Democritus，前460？—前370？）认为原子是不可再分的最小单位，而进入19世纪以后，人们发现原子内部有着更小的构成成分，其中最早的先行者便是英国物理学家约瑟夫·约翰·汤姆孙（Joseph John Thomson，1856—1940）。汤姆孙在给金属电极（阴极）施加电压时，发现其发出的电子流（阴极射线）带有负电荷，且质量低于氢原子质量的千分之一。这一瞬间，原子第一次向人类展示自己的内部结构。

由原子构成的物质通常处于中性的稳定状态，内部的正电荷和负电荷保持平衡，因此负电荷要想存在，原子中就应该有能抵消负电荷的正电荷。为了更直观地说明这一点，汤姆孙提出了“葡萄干布丁原子模型”。葡萄干布丁里不是密密麻麻地镶嵌着葡萄干吗？汤姆孙认为，带负电荷的电子就像葡萄干一样，镶嵌在正电荷球里（图1-3左图）。

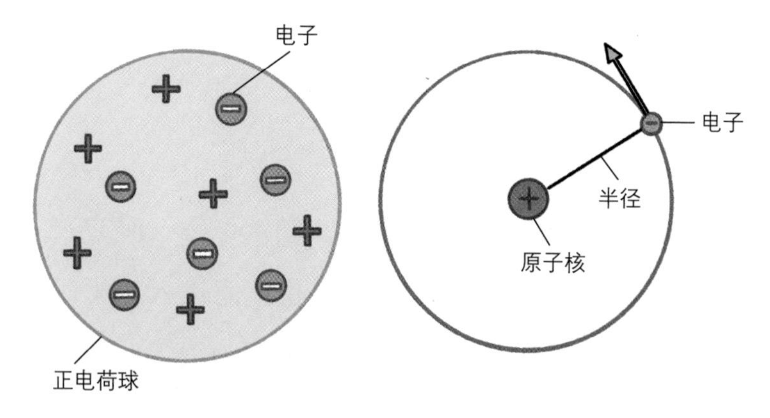

图1-3　汤姆孙提出的原子模型（左）和卢瑟福发现的原子结构（右）。你知道这两张图有什么不同吗？

在此发现后的几十年间，又诞生了很多历史性的发现，可谓是原子研究的黄金时代。先是新西兰籍英国科学家欧内斯特·卢瑟福（Ernest Rutherford，1871—1937）通过α粒子①轰击金箔实验发现，原子是由带正电的原子核和围绕在其周围的带负电的电子构成的（图1–3右图），前者占据了原子的大部分质量；而后卢瑟福又提出了一种原子模型，它的样子很容易让人联想到行星围绕太阳运转，故被称为“原子太阳系模型”。后来，随着研究的深入，该原子模型也被证实存在一定的

① α粒子就是氦原子核，由两个质子和两个中子构成，带正电。

问题，但这些关于原子的理论探索最终形成了现代物理学的一大支柱——量子力学。

不过，我们这次旅行的重点并非原子，而是原子的构成要素，同时也是电现象的主人公——原子核和电子。电子带负电（－），原子核带正电（＋）[1]，更准确地说，是构成原子核的质子带正电。电荷是用来表述物质电性（带电属性）的一种可测量的物理性质，就如同质量用于表示物质的重力一样。电荷越多，即电荷量越大，物体所呈现的电性就越强，类似于质量增大，物体所受的重力也随之增大。

不知道你是否听人说过或者在翻阅图书的时候看过“阴阳调和”这个词。天气太热开空调降温，天气太冷用暖炉取暖，人们总是会努力维持适宜生活的平衡状态。电子的负电荷和原子核的正电荷也是如此，它们通

---

① 这里正与负的区分是任意的。如果历史上认为电子带正电、原子核带负电，那么它的意思就和现在通用的表述完全相反。重要的是电荷有两种，为了区分它们，便使用了“正”和“负”这样的表述。如果有必要，也可以将它们视为A、B两部分。因为用“正”和“负”是物理学家们的约定，所以在这里我们也用“正”和“负”来区分这两种电荷。

常会维持在稳定的平衡状态，因此原子整体呈电中性，物质对外也呈电中性。也就是说，一般情况下，物质不会表现出特别的电性。但是，如果由原子构成、呈电中性的某个物质受到剧烈摩擦、发生持续碰撞或被加热，那么原子中的一些电子就会转移到其他物质上（或脱落）。物质失去电子后，原来的电中性状态被打破而带正电，得到多余电子的物质则带负电。像这样，原先呈电中性的物质因失去或获得电子而带电的现象被称为**起电**（electrification）。

跟上我的节奏了吗？如果还没有跟上也不要太担心，回过头读一读、想一想，把概念完全理解了再继续。可以把核心关键词逐个地写在纸上，这是一种不错的学习方法。总之，方法千万种，适合自己的才是最好的。都理解了吗？好，看来你已经准备好了。下面我将要讲述静电是如何产生的。

如图1-4所示，拿玻璃棒在丝绸上进行摩擦，摩擦产生热能，在这一能量的作用下，玻璃棒中构成原子的电子就会转移到丝绸上。这样，失去电子的玻璃棒就会带正电，而获得电子的丝绸就会带负电。分别带正电和带负电的两个物体相互靠近，会喷溅出电火花，同时会让人感到瞬间的酥麻。当这种现象发生在天空等广阔的地方时，我们把它称为闪电。关于电火花和闪电，我会在后面详细地说明，耐心读下去吧！

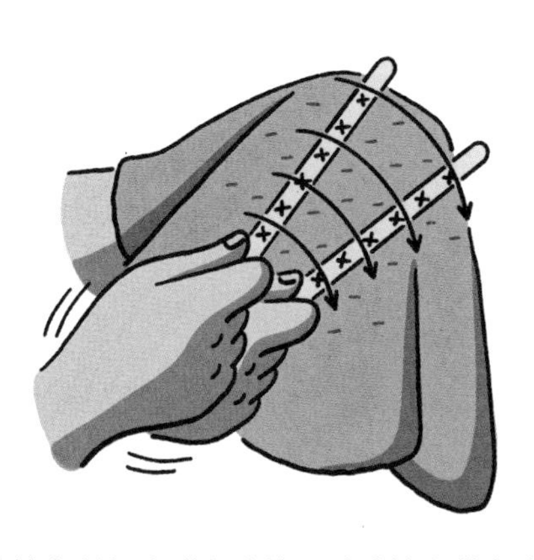

图 1-4　拿玻璃棒在丝绸上进行摩擦，玻璃棒上带负电的电子会转移到丝绸上！

让我们一起简单总结一下：电荷和质量一样，是物质的一种属性；它还是规定电子等基本粒子性质的物理量之一。那么电荷有没有最小单位？据悉，电子所带的电荷量是目前自然界已知电荷的最小单位。[①]我们在自

---

① 构成原子核中质子和中子的夸克是一种更小的基本粒子，其电荷量比电子的还要小。但夸克在一般条件下不能独立存在，因此这里不做讨论。

然中发现的电荷量都是电子所带电荷量的整数倍。

已知质量的基本单位是千克（kg）、长度的基本单位是米（m），那么电荷量也应该有基本单位。为了纪念发现静电力规律——库仑定律的法国科学家夏尔·奥古斯丁·库仑（Charles-Augustin de Coulomb，1736—1806），人们便以他的名字作为电荷量的基本单位，即库仑（C）。

好了，一个电子的电荷量是多少呢？答案是1.6×10^{-19}库仑，符号当然是-（负电荷）。那么，“10”后面的指数“-19”有什么含义？它指的是在分数中，分子是1，分母则是1后面带19个0。也就是说，电子所带的电荷量极其微小，要想产生1库仑的电荷量，需要6 240 000 000 000个电子。现在你知道电子所带的电荷量有多小了吧！

静电力——电荷之间相互吸引与排斥的力

接下来，我们来认识一下电荷之间的相互作用力——静电力。物理学家们已经证实，我们的宇宙中存在四种基本力，其中强相互作用力和弱相互作用力与原子核有关，这里先不做讨论。我们要讨论的是在日常生活中常见的另外两种力——引力和静电力（前文中已有涉及，这里更准确的表述应为电磁相互作用力，它是带电粒子与电磁场之间的相互作用及带电粒子之间通过电磁场传递的相互作用所产生的力）。

说到力，你最先想到的是什么？对于它，我们既熟悉又陌生，明明一直围绕在我们周围，时时刻刻都在起作用，但我们却看不见也摸不着。你猜到了吗？没错，它就是牢牢地将我们吸附在地面的引力，也叫万有引力。引力是具有一定质量的物体之间相互吸引的力。我们之所以能站在地面上就是因为地球和我们之间有引力，而地球之所以围绕太阳旋转也是因为太阳和地球之间存在引力。也就是说，一切有质量的物体之间都会产生相互吸引的作用力。

与之相似，电荷之间也存在相互作用力，这就是我们要讨论的静电力[①]。有趣的是,引力和静电力之间有很多共同点。第一个共同点是正如两个物体的质量越大，

---

① 最早发现静电力作用方式和效果的人是法国科学家库仑，因此静电力也被称为库仑力。

引力就越大一样，两个物体所带的电荷量越多，静电力也就越大。更准确地说，物体之间的静电力与两个物体所带电荷量的乘积成正比。如果两个物体的电荷量分别是原来的两倍，那么静电力就是原来的四倍。第二个共同点是两种力都是距离越远，力的强度就越弱。准确地说，如果距离是原来的两倍，那么静电力就是原来的四分之一，如果距离增加到原来的十倍，那么静电力就会缩小至原来的百分之一。这种关系用数学语言来描述就是“静电力的大小与距离的平方成反比”。

除了共同点，引力和静电力之间还存在着决定性的差异。第一个差异是引力是具有一定质量的两个物体之间相互吸引的力，而静电力同时有相互吸引的力（**引力**）和相互排斥的力（**斥力**），具体是哪一种力，则由两个物体所带电荷的电性决定。例如，如果两个物体所带电荷的电性相同（正电荷与正电荷、负电荷与负电荷），那么会产生相互排斥的力；如果它们所带电荷的电性不同，那么会产生相互吸引的力。如图1-5所示，利用细线悬挂带电的两个物体，根据各物体的电性，同性相斥，异性相吸。你可以想象一下，如果质量也有两种，那么会发生什么呢？前面已经说过，同种电荷互相排斥。如果斥力也以这样的方式在同种质量的物体之间起作用，那我们是不是就会被弹出地球？引力不像静电力那样存在相互排斥的力，对我们来说或许真的是一种幸运。

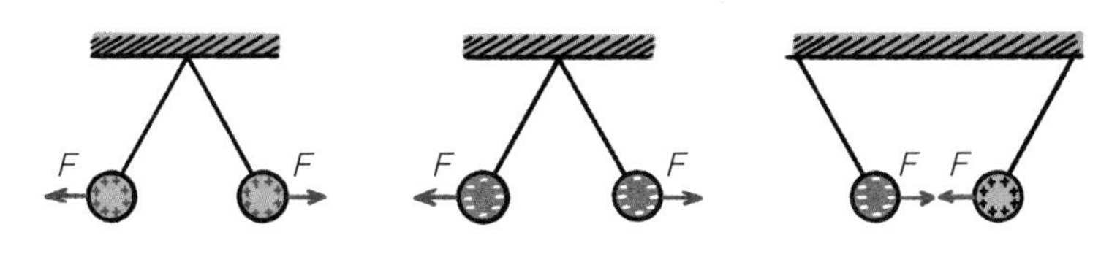

图1-5　电荷同性相斥、异性相吸

第二个差异是如果将质量之间相互作用的引力和电荷之间相互作用的静电力做比较，后者的力量要大得多。它们之间的差距过于悬殊，以致无法用具体数值进行比较。换句话说，如果两个物体之间同时存在引力和静电力，那么引力可以忽略不计。

讲到这里，你是不是觉得有点奇怪？我们周围所有的物质都是由原子构成的，原子内有正电荷和负电荷，它们之间存在静电力，为什么我们只能看到引力在起作用呢？如果静电力比引力强那么多，这个世界就理应由静电力支配才对。你可能也会有上述这些疑问。至于原因，上文已经提到在没有特殊的情况下，物质中的正电荷和负电荷在数量上相等，处于平衡状态而使物质对外不显电性，因此不会引发静电力。

综上所述，物质通常处于电中性状态，然而这种正电荷和负电荷的平衡一旦被外界打破，就会释放出怪物般的力量，就像有的人平时很安静，一旦愤怒就可怕至极。

现在介绍一个简单的实验来验证静电力，在干燥的环境中均可操作。先准备一把塑料梳子和多张碎纸片，然后用梳子梳头发。梳子和头发一旦接触，头发上的电子会转移到梳子上，于是头发会带正电，梳子会带负电。在这种状态下，把梳子贴近纸片会发生什么现象呢？

刚才讲到我们周围的物质通常处于正电荷和负电荷平衡的电中性状态，对吧？因此，纸片呈电中性，构成纸片的原子也呈电中性。但是，当带负电的梳子靠近时，原本纸片中呈电中性的原子就会发生变化。还记得原子是由带正电的原子核和带负电的电子构成的吗？那么，带负电的梳子靠近呈电中性的纸片会发生什么呢？

受静电力的影响，构成纸片的原子中带正电的原子核会被带负电的梳子吸引，带负电的电子则会被排斥。随着纸片中的原子发生变化，其中正电荷和负电荷的分布会如图1-6一样改变：正电荷会向靠近梳子端的方向运动，负电荷会向远离梳子端的方向运动。此时，在梳子中的负电荷与纸片中的正电荷（原子核）之间存在引力，而在梳子中的负电荷与纸片中的负电荷（电子）之间存在斥力。那么，哪一种力会“赢”呢？没错。因为纸片中靠近梳子端的电荷与梳子所带电荷是异种电荷，它们之间互相吸引，所以纸片就会如图1-6一样被吸附到梳子上。这是一个非常简单的实验，希望你在冬天的时候一定要自己动手做一做。

话说回来，为什么偏偏是冬天呢？这是因为夏天的空气湿度大，带电物体的电荷很容易被空气中的水蒸气（水分子）中和，因此很难直接观察到静电力的作用。所以说，打开加湿器来增大空气湿度是防止静电产生的有效方法之一。

怎么样，现在对我们周边发生的事情有了一定的认识了吧？书读得越多，你就会发现世间的知识不能一味地死记硬背，而应该像现在这样弄懂本质，才能理解各种现象。好了，让我们一起前往下一站吧！

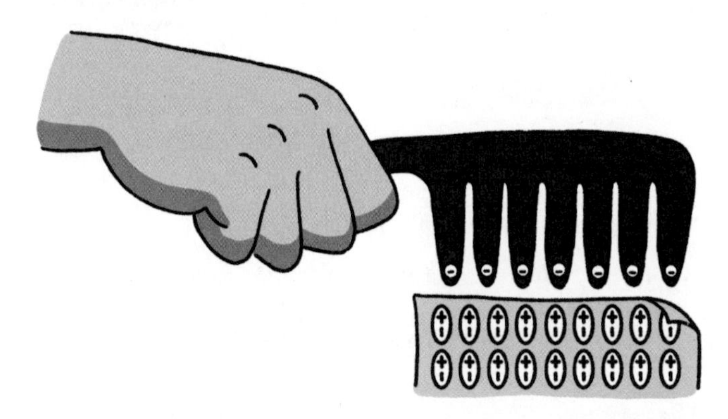

图1-6　当带负电的梳子靠近时，构成纸片的原子中正电荷和负电荷的平衡被打破，因为其中的正电荷相较于负电荷距离梳子中的负电荷更近，所以引力作用大于斥力作用，纸片就会被吸附到梳子上

电荷之间相互作用的特殊方式

现在让我们一起动脑筋想一想，电荷之间的静电力是如何相互作用的呢？首先调整一下呼吸，这其实是一个困扰了物理学家们很久的世纪大难题。你对引力可能也有过类似的疑问，太阳和地球之间的引力究竟是如何作用的呢？光速堪称宇宙最快，每秒可达30万千米，但太阳和地球之间的距离约为1.5亿千米，太阳发出的光至少要经过8分钟才能到达地球。那么，太阳和地球又是如何跨越广袤无垠的宇宙，产生相互作用力的呢？

生活中常见的力一般是通过接触实现的。用手轻推桌子上的杯子，杯子是不是会受力而发生移动？我们把这样的力称为**接触力**。相反，引力和静电力在物体之间不直接接触时也能发挥作用，这种能够跨越空间的相互作用力被称为**远程力**。

然而，倘若用逻辑取代科学的解释，得出“这个世界上的确存在一种能够超越空间与时间的瞬时作用力”的结论，物理学家们会心安理得吗？发现万有引力的英国科学家艾萨克·牛顿（Isaac Newton，1643—1727）表示，尽管他提出了远程力的概念，即具有一定质量的物体之间存在瞬间超越空间的相互作用力，但他本人并不喜欢这种说法。静电力也是如此。在对静电力进行系统性研究的初期，科学家们做了很多努力，但依然没有合适的理论来解释这种肉眼看不见的力是如何超越空间起作用的。而受制于牛顿在科学界的极高地位，科学家们纷纷遵照牛顿的观点，认为电荷之间的静电力会瞬间发挥作用。换句话说，静电力和引力一样，都属于远程力。

不过，也有科学家提出了不同的观点，其中最具代表性的是英国伟大的科学家迈克尔·法拉第（Michael Faraday，1791—1867）[①]。法拉第认为，有电荷存在的空间和没有电荷存在的空间，两者的性质完全不同。假设在空间的某个点放入电荷，电荷会改变其周围空间的性质，对进入该空间中的其他电荷产生作用力。

---

① 法拉第出生在一个贫苦的铁匠家庭，没有受过正规教育，但通过惊人的执着和努力成为英国历史上伟大的科学家之一。尽管数学基础并不扎实，但也许正因为如此，他才能通过独特的灵感和丰富的想象力，提出电场线等重要概念。法拉第的发现为我即将要介绍的麦克斯韦的电磁理论奠定了基础。

他认为，电荷会释放出某种无形的线，向周围传递某种东西，而这种线会产生力或者传递力，因此把它称为**电场线**（electric field line）。当其他电荷进入从原先电荷延伸而出的电场线所存在的空间时，就会感受到静电力的存在，并受到静电力的作用。

图1-7是法拉第提出的电场线理想模型。在某个空间里，电荷产生的电场线的方向被定义为当在这个空间里放置一个充分小的正电荷时，该正电荷所受静电力的方向。为了检验电场线的方向而放置的正电荷被称为**试探电荷**或**检验电荷**。假如想要了解某个电荷对周围产生

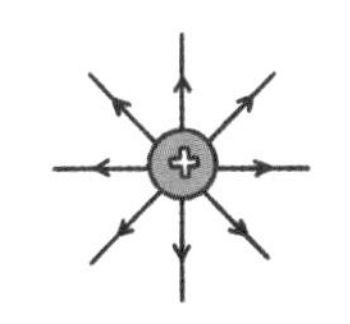

正电荷周围电场线的方向

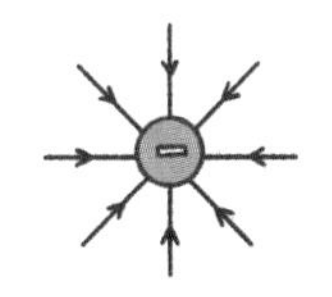

负电荷周围电场线的方向

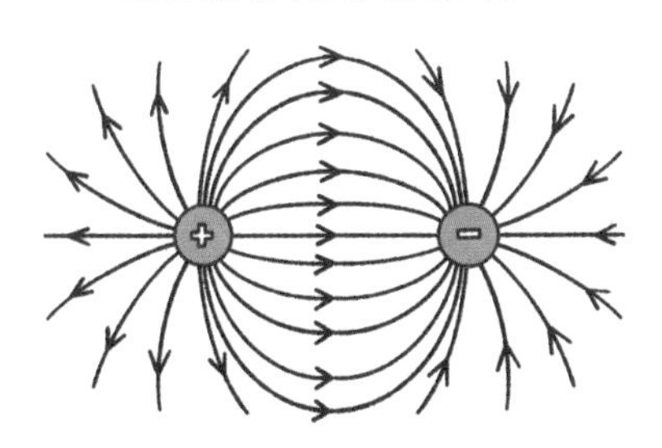

正电荷的电场线均匀射向四面八方

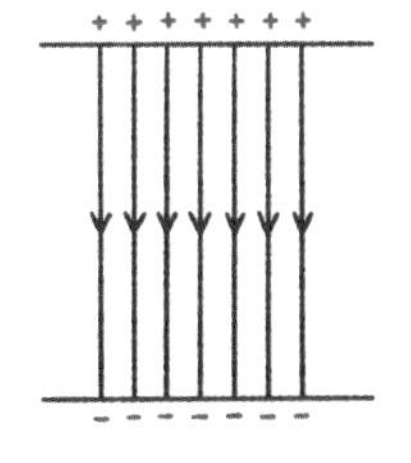

负电荷的电场线从四面八方聚拢

图1-7　法拉第提出的电场线理想模型

的电场线的方向，就在该电荷周围各处放置试探电荷，检查试探电荷所受静电力的方向即可。

在一个正电荷的周围各处放置试探电荷，电场线的方向会是怎样的呢？它将以正电荷为中心向四面八方延伸。这是因为放在正电荷周围的试探电荷因受到斥力而推向四面八方。相反，负电荷会吸引周围的正电荷（试探电荷），因此电场线会从四面八方向负电荷聚拢。如果正电荷和负电荷存在于同一空间里，那么电场线则从正电荷发出，指向负电荷。另外，电场线越密集的地方，静电力越大；而电场线越稀疏的地方，静电力越小。

科学发展到今日，人们更多地使用电场的概念来代替电场线。只要有电荷存在，它的周围就会形成电场，进入该电场里的其他电荷也就会受到静电力的作用。说得太抽象了，不好理解？这是当然。毕竟电场这个概念，对于主攻物理学类专业的大学生来讲都是极为头疼的。在这里，仅用水来做比喻，以帮助你理解。

假如这有一条小溪。我们都知道，只要有水流动就会有流速，而且有的地方流速快，有的地方流速慢。在小溪的某个位置上放小纸船，就能知道该位置上的小纸船以何种速度流向何方。如果想确认某个点的流速，只需要在小溪上放一只小纸船就可以了，电场与之相类似。

已知电荷周围会形成电场，当在该电场的某个位置上放置其他电荷时，就能知道这个电荷会受到多大的静电力，会朝着什么方向运动。这就与在小溪上放小纸船能知道所在地点的流速一样，即一个电荷对另一个电荷的作用力不是瞬间产生的，而是在自己周围的空间里形成电场这种看不见的特殊物质，进入电场中的其他电荷会受到静电力的作用。此时，电场对静电力的产生起到了媒介作用。

好，再来整理一下到目前为止所学的内容吧！首先，原子是由原子核和核外电子构成的，原子核内质子带正电，核外电子带负电。还有印象吗？其次，电荷之间存在相互作用的静电力，同性相斥，异性相吸。最后，静电力相互作用的方式比想象中要复杂，因此科学家们借助电场线和电场这两个概念进行了辅助说明。

至此，我们已经在一定程度上掌握了电荷与静电力的实质。接下来，我们将了解日常生活中经常使用的电流、电压、电功率等术语的含义。

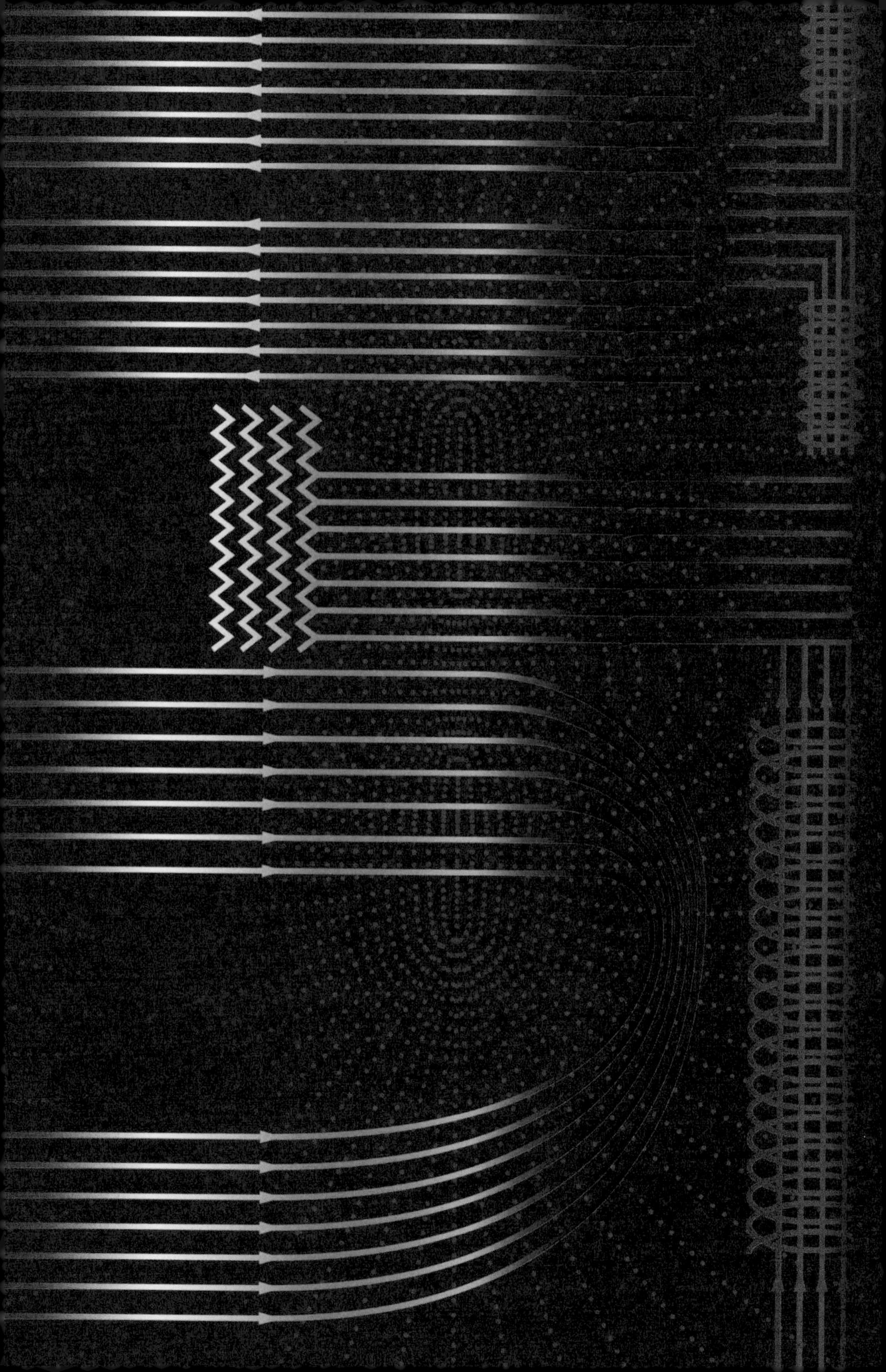

电流与电压

电流——电荷的流动

前面我们已经了解了电荷是什么，以及静止的电荷之间是怎样相互作用的。你是否觉得电荷非常有意思呢？那你知不知道，一旦电荷动起来，会发生更有趣的事情呢？接下来，我们将逐一剖析日常生活中与电相关的概念，以及它们之间的相互联系，这将有助于你更好地理解电的作用原理和使用方法。

你听说过哪些与电相关的概念呢？没错，有电压、电流、电功率、电阻等。可是，尽管经常听到和使用，但是准确知晓其含义的人其实并不多。就比如，有很多人在挑选电子产品的时候，会先关心产品表面粘贴的能效标识，但是不是得先准确理解了耗电量的含义，才能做出理智的选择呢？在本章中，我们将深入讲解这些概念，首先从电流开始。

用一句话来概括，电流就是通过电线流动的电荷。更准确地说，**电流**是指单位时间内通过特定地点（导线横截面）的电荷量。在国际单位制中，电流的单位是安培，符号为A。1安培的电流是指1秒内通过导线横截面的电荷量为1库仑。那么1安培到底是多少呢？就拿身边很容易买到的快充充电器来讲，它一般能提供1～3安培的电流，这样是不是更容易理解了呢？

然而，1安培的电流对于人体来说是非常危险的。当70毫安（mA，1毫安=0.001安培）的电流流过人体时，会给心脏造成极大的冲击，导致心房颤动甚至死亡，而这个电流还不到快充充电器输出电流的10%。因此，与日常生活中使用的电流相比，即使是很小的电流也对人体十分危险，可见触电事故是多么可怕。

这里还有一个概念需要补充一下，那就是**直流电**和**交流电**。你之前是否听说过这两个概念呢？直流电是指大小和方向都不会随着时间变化而变化的电流。例如，干电池中的电流都是从电源的正极流向电源的负极，电流方向不发生变化。而交流电指的是方向随时间做周期性变化的电流。我们日常家庭电路用电就属于此类。韩国家庭电路的频率为60赫兹（Hz），这意味着1秒内电流会发生60次周期性变化，每个周期内电流的方向变化2次，即原本向右的电流在向左之后又重新向右。中国家庭电路的频率为50赫兹。

那么，各种电子设备里的电流是通过什么流动的呢？想知道答案的话，就请切断电源，剥开电线看看吧！没必要去剪断完好的电线，向老师或者父母要一段废电线就可以了。用剪刀剪断电线，剥开外皮，你会发现有紫红色的线，这就是铜线。铜的导电性在所有的纯金属中排第二，排第一的是银，但铜比银便宜得多，所以电线一般都是用铜制成的。

前面已经说过，所有的物质都是由原子构成的；金属也属于物质，那必然也是由原子构成的。在铜线中，铜原子以一定的间隔紧密排列。前面不是说原子由位于中心的原子核和围绕原子核转动的电子构成吗？有趣的是，金属中有些电子摆脱了原子核的束缚，处于自由运动状态，我们称它们为**自由电子**。但是不能一听到“自由”这两个字，就想当然地认为电子在电线里的运动是毫无阻碍的。实际上，固体中的原子彼此之间就像是被看不见的弹簧拉住一般，有一定的伸缩性，但不完全自由。而自由电子的存在，恰好解释了为什么金属等导体能够导电。

这些原子极小，我们无法用肉眼观察到，但实际上它们都在以某点为中心不停地运动着。因此，自由电子在金属内运动，必然会与在某个位置振动的原子核发生碰撞。自由电子要想在它们之间穿梭，就要在与原子核发生碰撞的同时，以“Z”字形通过。如图2-1所示，假设操场上整齐列队的军人叔叔是原子核，那么在中间冒冒失失地跑来跑去的孩子们就是自由电子。想想这些孩子因为军人叔叔而移动受阻的情况，就很容易理解了。

然而，自由电子的运动速度比想象中慢得多，最快也只能达到每秒0.1毫米。按时速来计算，它是每小时36厘米，而我们的行走速度一般是每小时4千米，这样一对比是不是觉得它太慢了？但是，一般插上插头、打开开关后，电子设备就会立即启动，你难道不好奇比我们脚步慢那么多的电流是如何快速使电子设备运转的吗？其实电线里面并不是一无所有，而是充满了电荷。你可以想象一下，尽管单个自由电子的运动速度很慢，但如果充满整个电线的电子一起运动，速度不就会很快了吗？这与自来水管的原理相似，水管一端的压力增

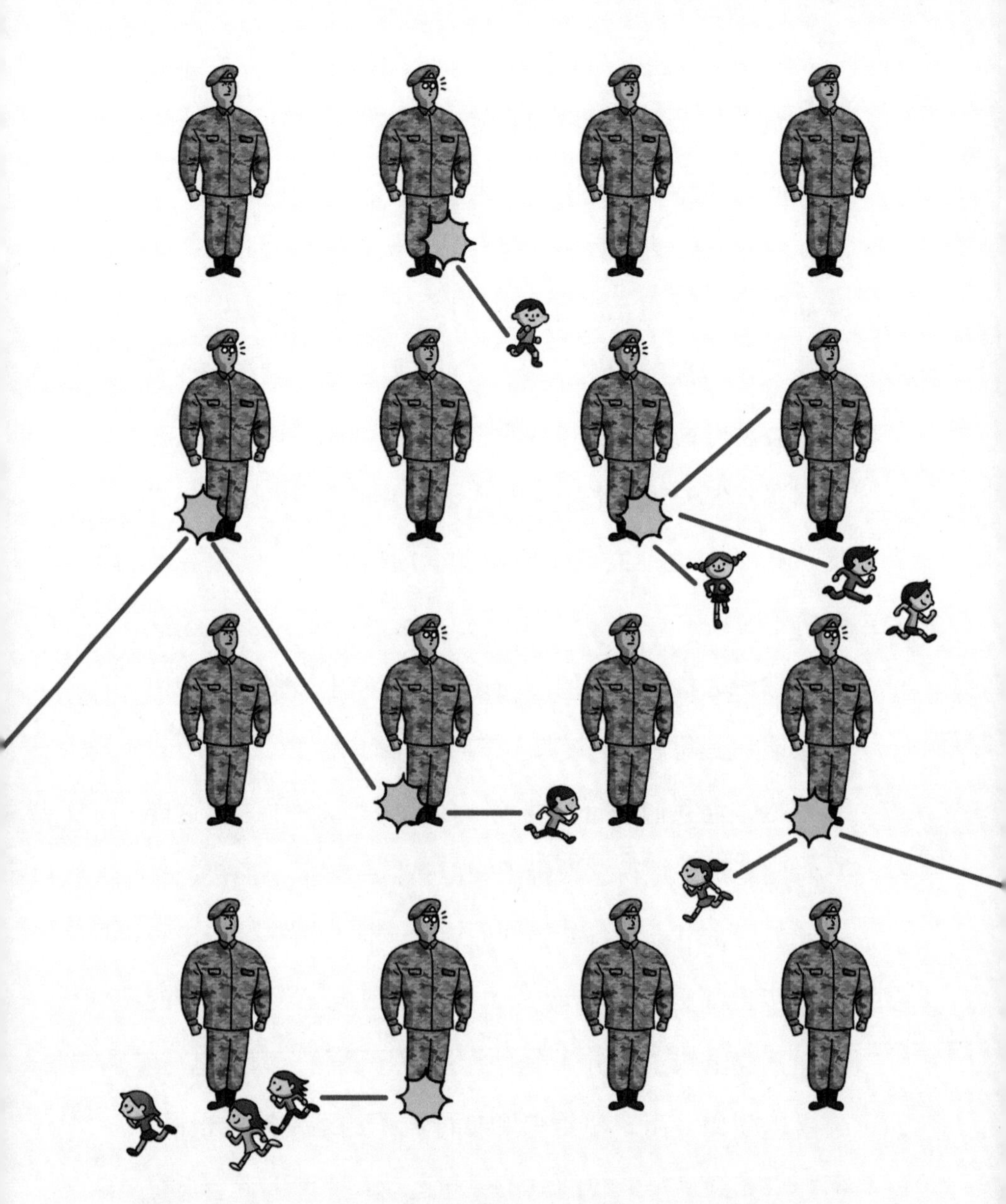

图2-1 孩子们（自由电子）在隔着一定距离列队的军人叔叔（原子核）之间一边碰撞一边移动！

加，管内的水会同时发生移动，另一端立即就会有水流出来。正如水在压力（水压）的作用下沿着水管移动，电流之所以沿着电线流动，也同样因为有类似水压的东西。

电荷流动的条件

电荷为什么会流动呢？换句话说，电荷要想流动，需要满足什么条件呢？为了理解并掌握这一点，我们首先要理解“**势能**”的概念。如图2-2左图所示，图中的篮球距离地面有一定的高度。现在假设地面上还放着一个篮球，那么它和空中的篮球在状态上有什么区别呢？

地面上的篮球在不受外力的作用下，是不是会处于静止状态？但是，如果把手从空中的篮球下移开，篮球就会掉落，而且掉落速度会越来越快，直至触碰到地面。这是因为篮球受到重力的影响，在掉落的过程中随着速度的增大而产生并积累动能。利用这一概念或许更有助于我们的理解。像这样物体因为重力作用而具有的能量，被称为**重力势能**。在重力的影响下，所具有的能量因位置高低而不同，因此势能也叫作位能。简单来说，相同的两个篮球，离地面10米高时的势能是离地面1米高时的10倍。

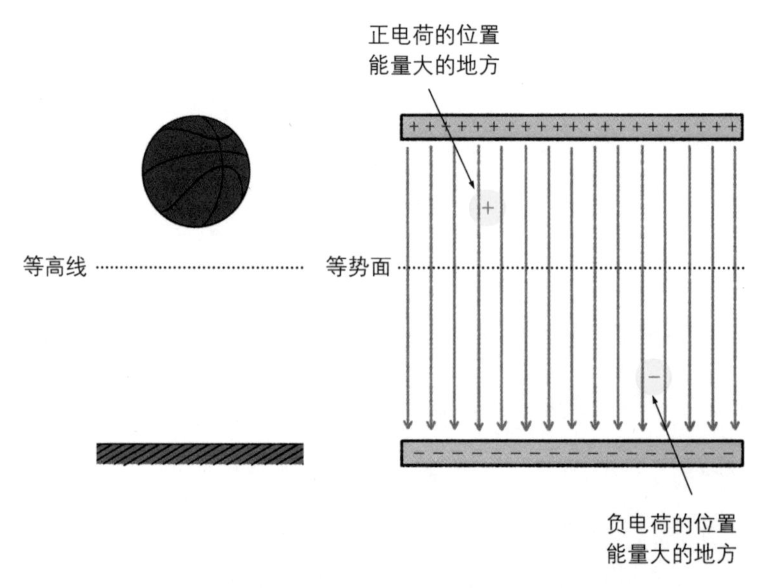

图2-2 空中的篮球比地面上的篮球的势能大！电荷越靠近电性相同的金属板，势能就越大

一提到能量的发生，大家一般都会想到风车迎风转动、植物的光合作用，或者人类等动物的进食等，并不会直接联想到捡起篮球的过程。捡起一样东西就能产生能量？你可能会觉得不可思议。那么，让我们分析一下把地面上的篮球捡起来的过程吧！地球总是把篮球拉向

地面，但是，如果将篮球逆着重力向上捡起，就要把和所受重力大小相同[①]的力施加在篮球上面，并朝着与重力相反的方向作用。这样克服重力捡起篮球，人对篮球做的功就转化为篮球的重力势能。

顺便在这里谈一谈能量的单位吧！正如前面提到的“质量的基本单位是千克（kg），长度的基本单位是米（m）”，国际单位制中能量的基本单位是焦耳（J）。知道了具体的单位，就能更加客观地理解接下来要学习的内容。1克水的温度每升高1摄氏度，需要吸收4.2焦耳的能量。同时，我们也常常使用卡路里（cal）来表示能量。1卡路里约等于4.2焦耳，也就是说，1卡路里的能量可以将1克水的温度升高1摄氏度。

重力势能的公式是“9.8 m/s^2（重力加速度）× m（质量）× h（高度）”。篮球的质量为500克左右，可见篮球在10米高时，所具有的重力势能约为50焦耳。因

---

① 你或许会有疑问，要想捡起篮球，不应该施加比所受重力更大的力吗？但是，如果用比所受重力更大的力把篮球捡起来，篮球就会产生一定的加速度，会像火箭一样嗖地从手中脱离向上飞出去。

此，如果用这个篮球的重力势能给水加热，可以将1克水升温约12摄氏度。除了重力势能，热能、电势能等其他能量都使用焦耳作为单位。

正如物体在重力场中具有重力势能一样，电荷在静电场中也具有电势能。下面请看图2-2右图，现在有两块宽大的金属板并行排列，上面的金属板充满正电荷，而下面的金属板充满负电荷。如图所示，如果在两块金属板之间静置一个正电荷，那么会发生什么呢？这个正电荷肯定会受到静电力的作用而向下移动。因为同性相斥，异性相吸，该正电荷同时受到上端带正电金属板的斥力和下端带负电金属板的引力的影响。这与被地球重力（引力）拉向地面的篮球的情况十分相似。

现在让我们回想一下篮球产生重力势能的过程吧！正如将篮球朝重力相反的方向捡起会增加篮球的重力势能一样，将放置在金属板之间的正电荷移向带正电的金属板，即沿着静电力作用的反方向施力，该正电荷的势能就会增加。换句话说，位于金属板中间的正电荷向带正电的金属板做功，能量转化为该正电荷的势能，这种势能被称为**电势能**。

刚才已经说过，把手从人为托举的篮球下移开，篮球会因为重力下落，重力势能就会转化为动能。那么，把手从已靠近带正电的金属板的正电荷上移开，正电荷就会在静电力的作用下开始向带负电的金属板移动，电势能减少，动能增加。利用这一能量，我们能做很多有用的事情。

以上就是重力势能和电势能的相似之处，但两者之间也存在着决定性的差异：① 不论是篮球的质量还是足球或者其他球的质量，质量本身就只是一种物理量，而电荷有正电荷和负电荷两种物理量；② 重力只存在引力，而静电力除了引力，还存在斥力。通过以上两点，你应该对两者的差异有了更充分的认识。

那么，有什么例子能够清晰地展现出它们的差异呢？让我们重新回到图2-2右图的两块金属板。刚才不是在金属板之间放了一个正电荷吗？这次我们放上一个负电荷，这个负电荷上、下两侧中哪侧的电势能更大呢？该负电荷克服静电力所需要施加外力的方向，正是位于下方带负电的金属板的一侧。因此，越靠近下端带负电的金属板，负电荷的电势能越大，越靠近上端带正电的金属板，负电荷的电势能越小，这与正电荷的情况正好相反。因此，在涉及电荷所具有的电势能时，要特别注意电荷的电性。

电压——电流产生的原因

如果上述的内容你都能理解，那么现在我就可以讲述电流发生流动的原因了。首先，请思考一下水在重力作用下的流动情况。如图2-3所示，水从高处的水库流经低处的水力发电站，为发电站提供发电所需的能量。这就是众所周知的水力发电的基本原理。说得更详细一些，位于水库的水具有重力势能，通过管道倾泻而下，重力势能转化为动能；利用这一动能推动涡轮机转动，从而产生电能。

你有没有听说过扬水式发电？啊，对了，在这之前，首先要知道“扬水”是什么意思。你应该经常在电视里看到“梅雨季节，田地被淹没后人们用扬水机抽水”之类的新闻吧。这里的扬水就是用泵往上抽水的意思。利用水的落差来发电的发电站是水力发电站，那扬水发电站（又称抽水蓄能电站）是如何发电的呢？扬水发电站有一个特别的地方，就是安装了水泵，以便把从上面流下来的水再次抽回到高处的水库中。发电站内安装的涡轮机将从高处流到低处的水的重力势能转化成电势能，而水泵则利用外部能量将低处的水运向高处，以

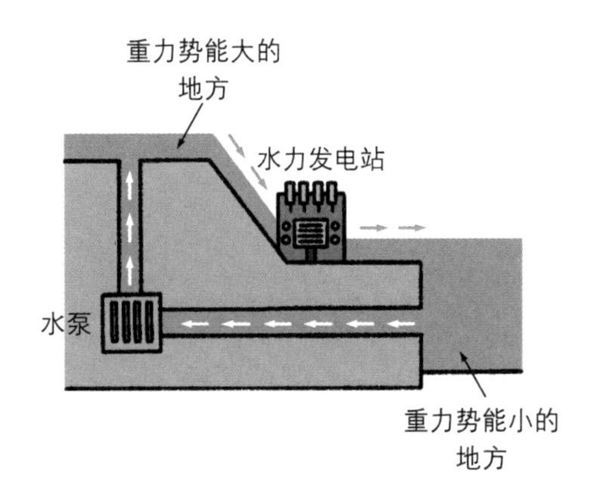

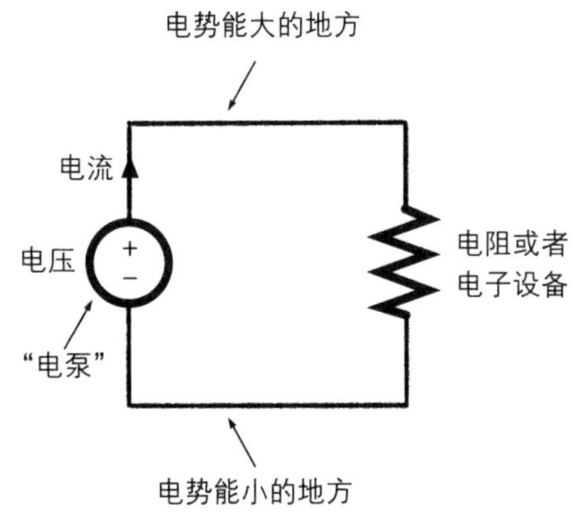

图2-3　像水一样流动的电荷!

增加水的重力势能。你也许会问，先用电抽水，再放水发电，岂不是多此一举？事实上，发电站上方的水库就相当于一块巨型“蓄电池”，当电力负荷处于低谷时，多余的电能可以用来抽水至高处的水库中；在电力负荷高峰期，再放水至发电站中用于发电。

现在，我们来对比一下图2-3中的两张图。从图中可以清晰地看到，水流和电流、水泵和“电泵”、重力势能和电势能是一一对应的。水泵抬升水，增加其重力势能，在水再次流向低处时转化成其他能量；同样，“电泵”的作用是增加流动电荷的电势能。当电荷从电势能大的地方向电势能小的地方运动时，就会形成电流。正如水从高处流向低处，使发电站的涡轮机转动产生电能一样，电荷从电势能大的地方流向电势能小的地方，流经电阻或者电子设备时可以将自己的电势能转化成其他能量，比如在电加热器中主要转化为热能、在灯泡中主要转化为光能。

而在电磁学中，人们更常用电势的概念来代替电势能。**电势**的定义是处于电场中某个位置的单位电荷，即1库仑的电荷所具有的电势能。例如，如果某个位置处

3库仑的电荷带有15焦耳的电势能，那么1库仑的电荷就带有5焦耳的电势能，所以说此时该位置的电势为5伏特（V）。

电势的单位为伏特，这是为了纪念电池的发明者——意大利物理学家亚历山德罗·伏特（Alessandro Giuseppe Antonio Anastasio Volta，1745—1827）而命名的。学到这里，你是不是开始好奇电势能、电势及经常提到的电压这三者之间的区别了呢？打开电视遥控器或电子门锁，你会发现里面带有电压为1.5伏特的干电池。当然，除此之外还有9伏特的干电池。

电压指的是两点之间的电势差值，即带有1库仑电荷量的单位电荷在两点之间的电势能之差。那是不是可以说电压和电势是相同的概念呢？并非如此。如果把操场作为势能计算的基准，这样不仅可以计算出3楼和5楼处篮球的重力势能，还可以计算出两者重力势能的差值；如果说电势是衡量某一位置相对于基准位置的电势能，那么电压指的就是任意两个位置之间的势能差。当然，不要忘记，电势和电压都是以1库仑为基准进行计算的，而且单位都是伏特。干电池有9伏特的电压，就表示电池正极和负极之间的电势差为9伏特。

以上我们已经了解了电势和电压的差别，现在让我们从电压的角度来分析图2-3吧！我们一般选用干电池作为“电泵”。人为地增加势能必然需要外部能量，正如扬水发电站将水从下面引到上面需要用电能启动水泵一样，增加电荷的电势能也同样需要外界的能量。你把电池当作这一外部能量，就容易理解了。

电池的作用在于增加电路中电荷的电势能。电池上的电压值可以告诉我们该电池能增加的电势能。也就是说，9伏特的电池可以将1库仑的电荷的电势能增加至9焦耳。在流经电池后获得电势能的电荷沿着电路流动的过程中，其电势能被用来做很多其他有用的事情，就像从高处落下来的水的重力势能可以带动发电机涡轮一样。

到目前为止，我们已经学习了电势能、电势和电压，能不能回答这样一个问题：前面已提到人的身体一旦流过70毫安的电流，心脏就会受到很大的冲击，那么站立在10万伏特高压线上的麻雀为什么不会触电呢？事实上，电流要想在麻雀身上流动，就需要麻雀的两只脚之间存在电势差。但现在麻雀的两只脚都立在同一根高压线上，双脚之间没有电势差，电压为0，因此是非常安全的。倘若麻雀将一条腿放在电势为10万伏特的高压线上，而另一条腿放在电势为0的地面上，则立即会有10万伏特的巨大电压带动电荷流动，麻雀在眨眼间就会变成烤麻雀。因此，我们经常会看到“注意不要接触高压输电线”的警告。

综合上述，电势高并不是什么问题，电势差大才是。在高海拔的平地上，静止的球会自己滚起来吗？不会吧。像这样，位于高度相同、重力势能也相同的等高线上，球不会自己滚动；同理，如果把电势能相同的位置集合在一起，就会产生与等高线相似的概念——**等势面**，位于等势面上的电荷不会自己移动。正如为了让球滚动需要倾斜地面一样，想要麻雀身上有电流流动的话，麻雀的两条腿所接触的两个点之间需要存在电势差，即电压。

最后，我们来聊一聊第1章中出现的静电和闪电吧！天空中有一种被称为积雨云的云，内部会持续产生上升气流，在这一过程中，云中的冰晶或水滴会与下落的霰粒不断撞击而产生静电，这就跟我们冬天经常经历的摩擦生电一样。这样，积雨云底部聚集了大量负电荷，顶部聚集了大量正电荷，云层中累积的大量电荷在云层与云层之间或者在云层与地面之间形成数千万伏特以上的超高电压。所产生的超高电压会破坏空气的中性状态，使之变成带正电或带负电的离子，即构成分子的正电荷原子核和负电荷电子发生分离。随着空气发生电离[①]，积聚在云中的电荷持续放电，瞬间产生巨大的电流流动，即为闪电。

所以说，学习电压、电荷、电流等概念不仅为我们理解日常生活中的电现象提供了思路，还有助于我们更好地理解各种自然现象。

电阻——阻碍电流的通过

如果熟练掌握了以上概念，那么简单的电路就不难理解了。在本部分内容中，我将讲解由电源、导线和电

① 中性的原子或分子因获得或失去电子而带正电或带负电的过程被称为电离。

阻组成的简单电路。

电阻是我们理解简单电路需要掌握的最后一个概念。顾名思义，电阻就是“阻碍电流的流动”。在物理学上，**电阻**是物体固有的属性，表示导体对电流阻碍作用的大小。因此，可以用电阻来控制电路中电流的流动。电阻的单位是欧姆，简称欧，符号为Ω。欧姆的定义是一段电路的两端电压为1伏特，通过的电流为1安培，就表示这段电路的电阻为1欧姆。

物体根据电阻的大小可大致分为三类。首先是电阻非常小，可以作为电路导线的金属等物体，这类物体被称为**导体**，前面提到的铜、银、金等就是代表性的导体。相反，电阻非常大，几乎没有电流通过的物体被称为**绝缘体**，例如塑料和树木。那么，世界上是否只存在导体和绝缘体呢？还有一类物体想必你也知道，它是新闻和报纸里的常客，广泛存在于我们日常使用的电脑和手机中，它是什么呢？对，就是**半导体**。它的电阻介于导体和绝缘体之间，是电子元件和电路中必不可少的材料，典型的半导体有硅（Si）和锗（Ge）等。

如图2-4所示，这是一种非常简单的电路。该电路将电源（例如干电池）和电阻器连接成一个完整的回路。电源电压、电流和电阻分别用V、I和R表示。在电源的作用下，电荷的电势能增加，持续流入回路而形成电流。电流中的电荷在流经电阻时将电势能转化成热能。因此，不能用电阻很大的材料制作导线，因为它会阻碍电流的流动。嗯？那么，电阻大并且可以产生很多热量的材料是不是可以有其他的用途呢？没错。如果电阻很大，电子会与原子核发生大规模的碰撞，进而产生很多的热量，因此这种材料常用作发热体，比如电加热器中产生热量的部分就是由电阻大的镍铬合金等物质制成的。

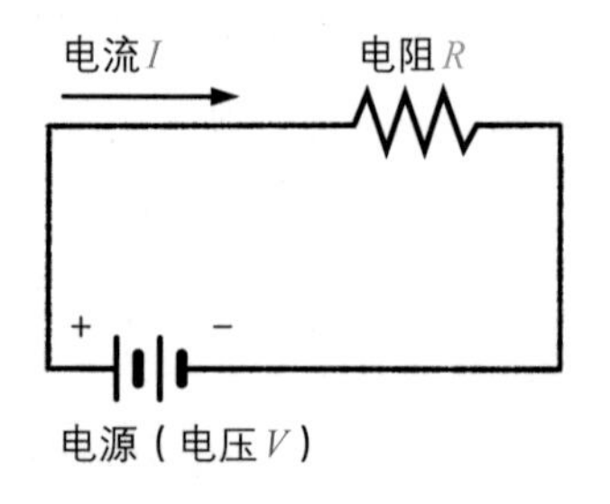

图2-4　电源、电流、电阻的关系

那么，沿着电路流动的电流与电压是怎样的关系呢？在电阻相同的两个电路中，分别连接电压为1.5伏特和9伏特的电池，两个电路会有什么不同呢？例如，现在有两个扬水发电站，各自都安装了带动发电机运行的输水管道。假设这两个发电站的管道的粗细和大小都一样，而A发电站位于海拔100米处，B发电站位于海拔50米处。此时，A发电站的水的重力势能大于B发电站，因此通过A发电站的管道的水量会较多。那么，我们就可以这样推测：当电阻不变时，电压越大，电流就越大。也就是电流与电压成正比，即当电阻不变时，如果电压变成原来的两倍，那么电流也会变成原来的两倍。

那么，电流和电阻之间又是什么关系呢？前面说过电阻具有阻碍电荷流动的性质，所以电阻越大，电流就会越小，两者成反比。当电源电压一定时，电阻增大一倍，电流就会变为原来的1/2；相反，电阻减小一半，电流就会增大一倍。

接下来，我将讲解连接电阻器的两种不同方式，以及它们对整个电路的影响。如图2-5所示，在串联电路中，两个相同的电阻器顺次首尾相接；而在并联电路中，两个相同的电阻器分别连接到从一条导线分离出的两条导线上，而这两条导线再次汇合成一条导线并与电源相连。如果这两个电路的电压相同，电阻也相同，那么通过两个电路的电流又会怎样呢？对于串联电路来说，电流流动的路径（导线）只有一条，所以从头到尾电流不变，维持一个定值。也就是说，流过两个电阻器的电流是一样的。

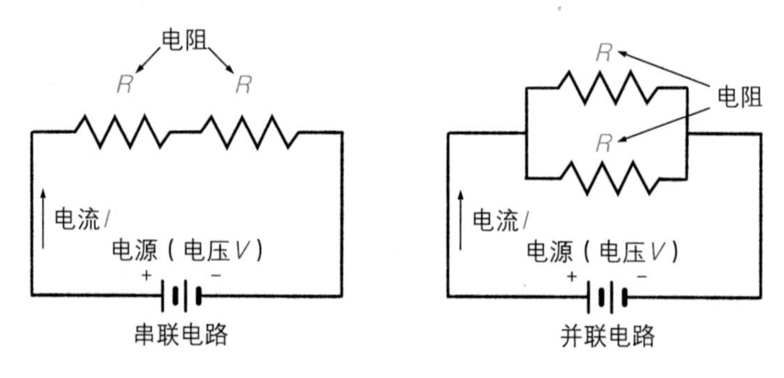

图2-5　串联电路和并联电路

例如，在海拔100米的水库下方50米处安装A发电机，下方100米处安装B发电机。管道中流动的水会带动A发电机和B发电机运行，管道的口径相同，通过的水量并不会有区别。同样，在串联电路中，沿着一条导线流动的电流也没有变化；而阻碍电流流动的两个电阻器串联在一起，电流的流动必须克服这两个电阻器，因此总电阻会增大一倍。如果每个电阻器的电阻为1欧姆，那么总电阻就是2欧姆；而电源电压会被两个电阻器平均分配，如果电源电压是1伏特，那么每个电阻器两端的电压为0.5伏特。当1欧姆的电阻器的两端有1伏特的电压时，就会流过1安培的电流；同样，当1欧姆的电阻器分得0.5伏特的电压时，电流就是0.5安培。因此，在有两个相同电阻器的串联电路中，总电阻增大一倍，电流就会减小一半。如果串联10个相同的电阻器，那么电路的总电阻将是原来的十倍，电流将减小至原来的十分之一。

而并联电路与串联电路完全不同。当电路并联时，电源施加在两个电阻器上的电压相同。可以这样理解，海拔100米的扬水发电站有两条通向地面的输水管道。两条管道的水起始高度都是100米，顺着各自的管道往下流，水流在两条管道交会的地方汇合；同样，在并联电路中，电流有两条流动的路径，并在导线相交的地方汇合。跟串联电路的情况一样，电源电压是1伏特、电阻是1欧姆的话，各电阻器两端的电压是1伏特，各电阻器的电流是1安培，它们汇合后的总电流就是2安培。2安培的电流流过1伏特的电源，这意味着并联电路的总电阻为0.5欧姆。

同样连接1伏特的电源，如果将两个相同的电阻器串联，总电阻会是原来的两倍；但如果是并联，总电阻就会减小一半。是不是很有趣？这样既可以控制整个电路的电流流动，也可以通过一条导线来控制电流的大小。

电功率的意义

终于要介绍我们日常生活中耳熟能详的电功率了。在购买电视机、电热器等家用电器时，我们是不是会最先关注耗电量呢？电视机的耗电功率为100瓦特（W），这究竟是什么意思呢？

电功率的单位是瓦特，源自发明并普及改良蒸汽机的詹姆斯·瓦特（James Watt，1736—1819）。一个用电器的耗电功率是指该用电器在1秒内所消耗的电能。也就是说，1瓦特意味着1秒内消耗1焦耳的能量。那么，我们可以认为耗电功率为100瓦特的电视机每秒需要消耗100焦耳的电能。

你看过家里的电费通知单吗？韩国实行电费累进制度，因此家长们对用电量很是敏感。电费通知单上的“kW · h”表示使用的电量，也就是我们俗称的“度”。千瓦（kW）通过“千”字就可以推测出是1瓦特的1 000倍，千瓦时（kW · h）里面的“h”表示1小时。因此，1千瓦时的物理意义是电功率为1千瓦的用电器工作1小时所消耗的电能。那把这个换算成焦耳是怎样的呢？1千瓦等于每秒消耗1 000焦耳的能量，那么1小时，即3 600秒，就消耗了1 000 × 3 600焦耳，即360万焦耳或3 600千焦的能量。找父母要电费通知单，看看家里一个月用了多少度电。同时，向父母解释一下千瓦时的物理意义，他们听到后一定会非常惊喜的！

在本章中，我们讲解了日常生活中常见的电的相关概念。只有理解了这些概念，才能真正掌握之前忽视的各种与电相关的内容，对电子产品的性能和产品特性也会有更加清楚的认识。就这样我们结束短暂的“电之旅”，正式步入“磁”的世界吧！

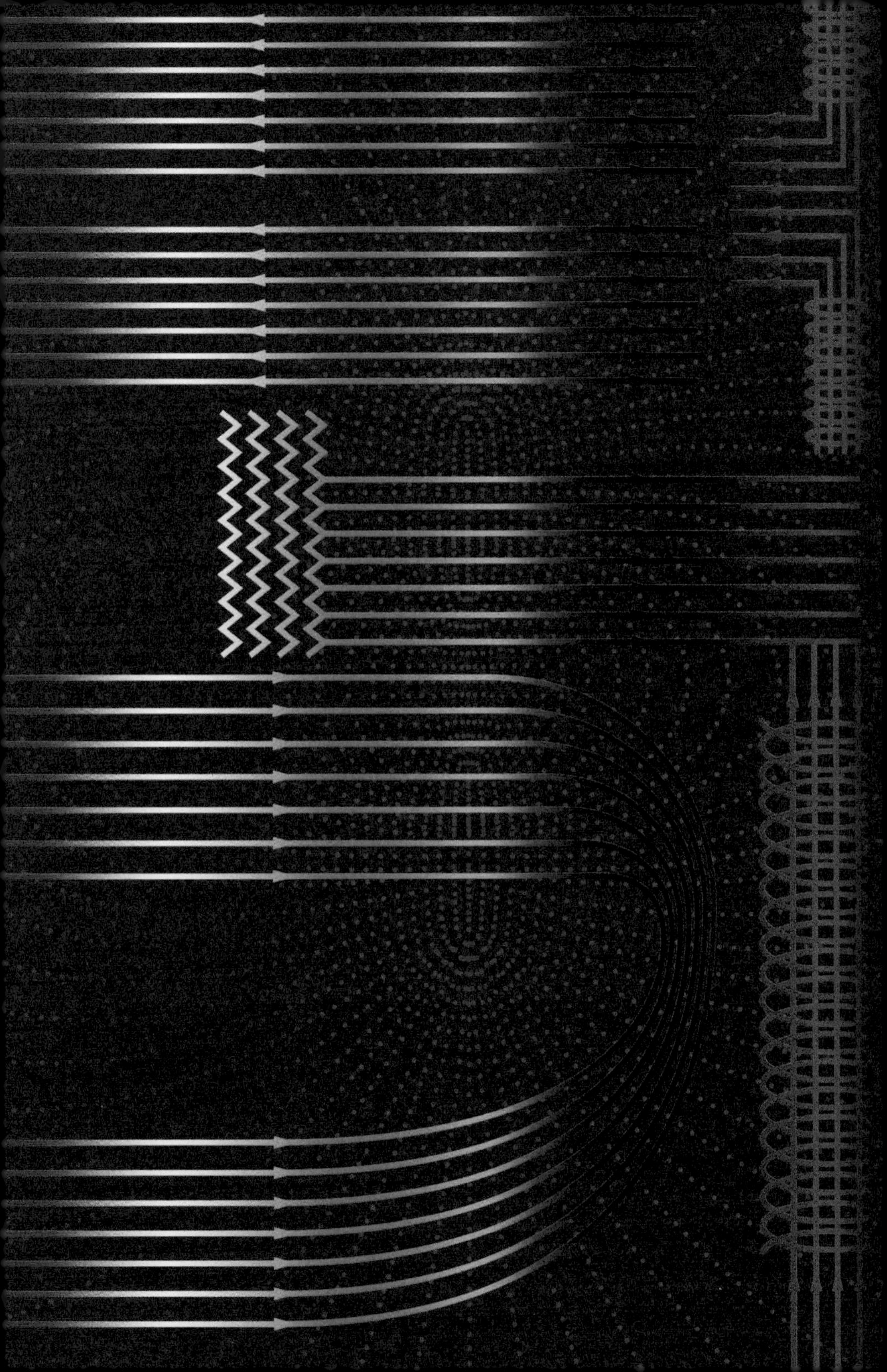

磁铁与磁场，电流与磁场

还记得本书开篇提到过这段奇妙之旅有两个同行者吗？我们已经掌握了“电”，现在让我们来谈谈“电”的孪生兄弟——“磁”。

大家小时候肯定都玩过磁铁吧。磁铁的种类多样，常见的有条形磁铁、马蹄形磁铁和圆形磁铁等，所有的磁铁都有两个极——N极和S极。如图3-1所示，在同性磁极（N极与N极、S极与S极）之间存在相互排斥的力，在异性磁极（S极与N极）之间存在相互吸引的力。

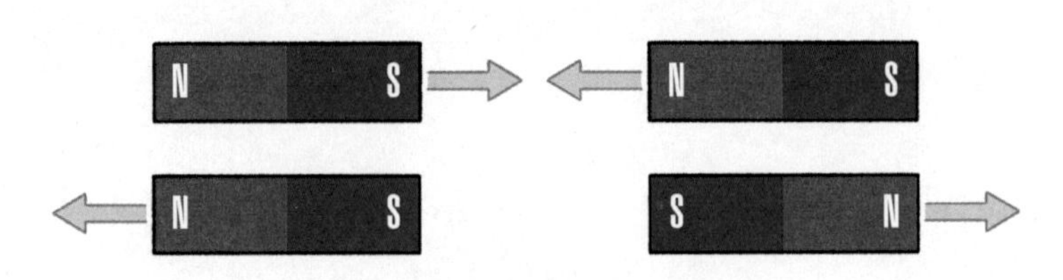

图3-1　磁铁同极相斥、异极相吸

很久以前，人们就发现天然磁石有吸铁的特性。铁矿石中有一种极具磁性的磁铁矿，磁铁就是用这种矿石加工而成的。磁铁矿在古代多产于希腊马格尼西亚

（Magnesia）地区，故磁铁便被命名为“magnet”。如图3-2所示，磁铁矿上吸附着铁钉。

图3-2 吸附于磁铁矿上的铁钉

除西方人以外，中国人对磁石也十分熟悉。中国人根据磁石所指方向总是南北的特性，称其为“指南铁”。据悉，中国早在北宋时期就利用磁石的这种特性发明了指南针，并开始应用于航海技术。但无论是在古代中国还是古希腊，人们都不理解为什么磁石会具有这种特性。毕竟在当时，人们连磁现象和电现象都尚未区分清楚，自然也不会明白其中的缘由了。

首次将磁和电分开，并进行系统性研究的人是16世纪英国科学家、伊丽莎白一世的主治医生威廉·吉尔伯特（William Gilbert，1544—1603）。他著有《论磁》一书，其中详细记录了磁铁和磁现象的相关研究成果。他以自己进行的各种实验为依据，向世人展现了磁和电的明显差异。此外，他还得出了一个结论，即地球是一块巨大的磁铁，从而解释了指南针的作用原理。[①]在吉尔伯特之后，电学和磁学开始分裂成两个独立的学科领域，各自有条不紊地发展着。有趣的是，各成一派的电和磁在后来的电磁学理论体系中再次相遇，擦出了不一样的火花。关于电磁学理论，我们稍后再讲。

你还记得磁铁同极之间存在斥力、异极之间存在引力吗？我们知道作用于具有一定质量的物体之间的力是相互吸引的引力，但除此之外，还有一种力既存在引力又存在斥力，你还记得是什么吗？没错，就是第1章中介绍的静电力。基于静电力与磁铁同样具有同性相斥、

---

① 磁铁的N极总是指向北，因此根据英文单词“north”取名为N极。实际上，磁铁的N极所指的地球北极正是地球这个大磁铁的S极，而地球南极是地球磁极的N极。

异性相吸的特性，科学家们自然联想到静电力和磁力之间可能存在某种联系。如果我们采取类似于电现象研究中引入正、负电荷的方式，将N极和S极看作一种“磁电荷”[①],那么我们就可以用分析静电力的方式来分析磁力了。

事实上，库仑认为磁力与静电力可以用相同的数学公式来解释，即“磁电荷”之间的相互作用力符合平方反比定律（作用力的大小与距离的平方成反比）。他试图用“磁电荷”来解释磁铁的原理，但以失败告终。这是因为如果磁力是“磁电荷”之间的相互作用力，正如电荷分为正电荷和负电荷两种一样，“磁电荷”也应该能分为两种，但将磁铁分割为独立的N极磁铁和S极磁铁的设想是不可能实现的。

如果将磁铁以表面N极和S极的正中间线为标准线进行切割，就会产生图3-3中两个同样具有N极和S极的磁铁；如果继续切割，就会产生同样具有N极和S极的四个小磁铁。因此，虽然电荷中的正电荷和负电荷可

---

① 为了与引起电现象的电荷进行区分，将其称为“磁电荷”，简称“磁荷”。

以单独存在，但磁铁的N极和S极总是成对出现、无法分割的。磁铁看似与电荷相似，却又有着不为人知的另一面，它究竟隐藏着怎样的秘密呢？答案即将揭晓，不过在那之前我们要记住，把一个磁铁切割后会得到两个磁铁，而不是两个单磁极。

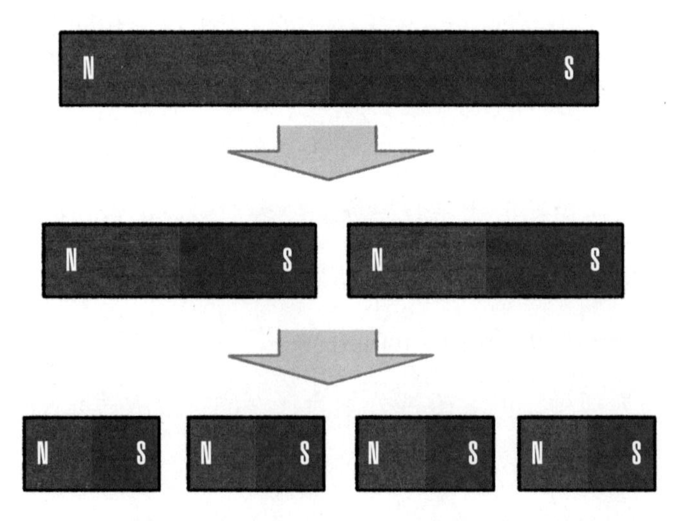

图3-3 将磁铁切割后得到的每个小磁铁都会存在两个磁极

磁感线——连接N极和S极的线

与静电力的分析模式类似，我们首先了解一下磁铁与磁铁之间的作用力是如何实现的吧！在磁铁周围撒上铁粉，铁粉会受磁铁的影响而按照一定的规律排列。如图3-4上图所示，撒在磁铁周围的铁粉像是被看不见的手画成无数条柔和的曲线，规律地排列着。每条

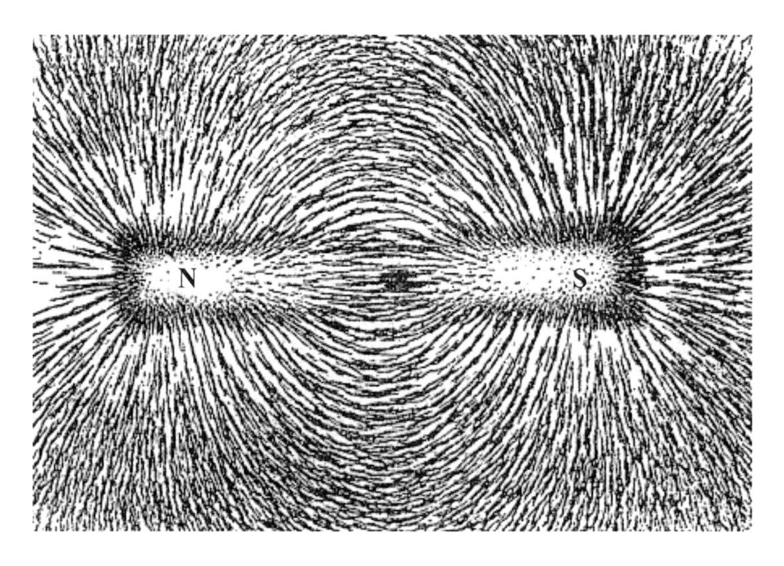

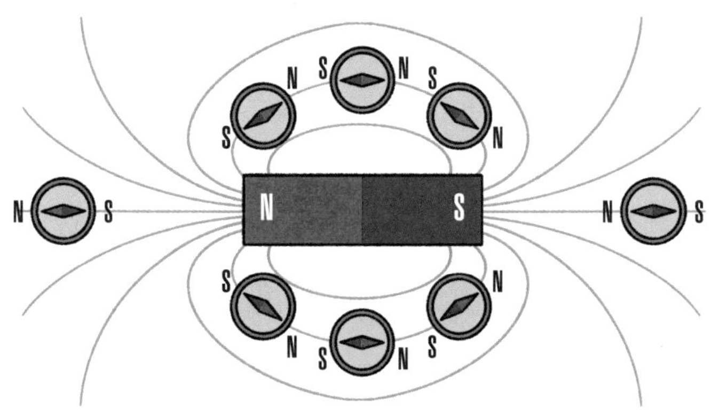

图3-4　磁铁周围磁感线的方向

线连接着磁铁的N极和S极。同样，在磁铁周围放置小磁针又会发生什么呢？请观察图3-4下图，有没有发现小磁针所指的方向连接起来后与铁粉的排列方式是一致的呢？

电磁学的先驱迈克尔·法拉第称这些铁粉排列的线为“磁感线”，以表示它具有传递磁力的作用。正如图3-4下图所示，这个线可以看作小磁针静止时N极所指方向的连线。法拉第认为，磁铁周围看起来一无所有，但实际上密密麻麻地布满了从磁铁延伸出来的磁感线。如果有新的磁铁进入该空间，就会立刻受到磁力的吸引作用或排斥作用。

你还记得第1章中提到过的电场线和电场吗？电荷周围会形成电场线，进入它所处空间的另一个电荷就会受到该电荷产生的静电力作用。磁铁形成的磁感线也是同样的道理。正如电场线的方向是由正电荷指向负电荷一样，磁感线的方向是由N极指向S极。当其他磁铁进入一个磁铁产生的磁感线空间时，就会立刻受到磁力的作用。与电场线相同，磁感线越密集的地方磁力就越大，即离N极或S极越近，磁力就越大；反之，磁力就越小。然而在电现象中，正电荷和负电荷可以独立存在，如图1-7所示，它们可以独立形成电场线。而磁铁的N极和S极总是成对出现的，所以磁感线只能由N极指向S极，即在一个磁铁的外部，从N极出发的磁感线一定会回到该磁铁的S极。

图3-4下图所展示的便是磁感线示意图。N极和S极是绝对不可能单独存在的。当然，在研究磁现象时，相较于磁感线，物理学家们更喜欢用磁场的概念，就像他们在电现象研究中引入电场的概念来代替电场线一样。这是因为电场线和磁感线只是分别用来实现电场和磁场可视化的工具。也就是说，磁铁在周围的空间形成了磁场，进入磁场的其他磁铁会与该磁场发生反应，受到磁力的作用。正如电场是静电力的媒介一样，磁场起到了传递磁力的媒介作用。如果想要确认磁场方向，只需要在磁铁周围撒上铁粉，观察磁铁周围形成的磁感线或磁场形态即可。

好，现在让我们来探讨一下到底是什么产生了磁力，并在磁铁周围形成了磁场的吧！

磁场的秘密——电流

磁场的秘密最早是被19世纪丹麦物理学家汉斯·克海斯蒂安·奥斯特（Hans Christian Ørsted，1777—1851）通过一系列的实验发现的。他在通电导线周围放置了小磁针，发现小磁针会受到电流的影响而发生偏转。在当时，学界的主流观点认为电现象和磁现象是毫不相关的两种物理现象，而现在的实验却展现出一个神奇的现象——作为典型电现象的电流能够像磁铁一样使小磁针发生偏转。于是，奥斯特在通电导线周围多处放置了小磁针，详细地观察电流对小磁针所指方向的影响。结果发现，放置在通电导线周围的小磁针都受力发生偏转。

之前我们学过，小磁针可看作一种非常小的磁铁，能让它受力发生偏转的是周围的其他磁铁，更准确地说是该磁铁形成的磁感线或磁场。而现在，奥斯特发现了使小磁针发生偏转的另一个原因——电流。也就是说，电流也像磁铁一样对小磁针产生影响，这说明电流周围形成了作用于小磁针的磁场！

图3-5展现了铁粉放置在自下而上通过的直线电流周围时形成的图样。该圆形图样可以说就是直线电流形成的磁场方向。即图中描述磁场的线就是当直线电流周围放置小磁针等迷你磁铁时，它们的N极所指方向的连线。

图3-5　通电直导线周围形成的磁场

那么，电流周围的磁场方向是怎样的呢？拿小磁针来试一下。请看图3-6上图，在导线周围摆上小磁针，从上往下看，将红色N极所指方向相连就是磁场方向，即呈逆时针，如图中蓝线所示。

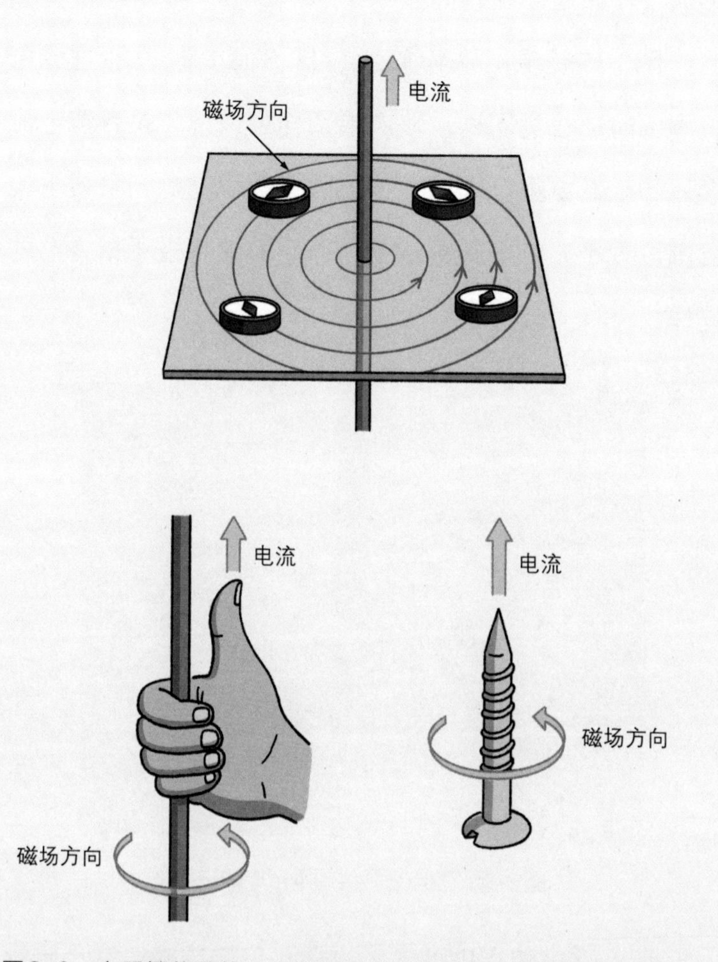

图3-6　右手握住导线，让伸直的大拇指所指方向与电流方向一致，弯曲的四指所指的方向就是磁场的方向。用螺丝来比喻的话，螺丝尖朝向电流的方向，拧紧螺丝时螺丝旋转的方向就是磁场的方向

想要知道通电直导线周围的磁场方向，用右手就可以确认。如图3-6下图所示，右手握住导线，让伸直的大拇指所指方向与电流方向一致，其余四指弯曲的方向即为磁场方向，也就是与小磁针N极所指方向相同。因此，在图中导线的左侧，磁场垂直于纸面向外；在图中导线的右侧，磁场垂直于纸面向里。这就是著名的**右手螺旋定则**。也可以用螺丝来进行记忆。如果把右旋螺纹螺丝（顺时针拧紧，逆时针拧松）穿入的方向看作电流方向，那么螺丝旋转的方向就是磁场方向。电流越大，磁场就越强，小磁针受到的磁力也就越大；越靠近电流，磁铁受到的磁力就越大，反之就越小。

接下来，让我们来看看通电环形导线形成的磁场。环形导线是除直导线之外最简单的导线，图3-7上图展示了电流沿着环形导线流动时，其周围形成的磁场方向。确认磁场方向并不难，可以利用刚才所讲的右手螺旋定则。将右手大拇指指向电流方向并沿着环形导线旋转，就可以知道其余四指弯曲的方向，即磁场的方向。通电环形导线的磁场方向在圆环内是自下而上，在圆环外是自上而下，具体示意图见图3-7下图。磁场只能自下而上通过圆环。如果电流反向流动，那么磁场方向随之相反。

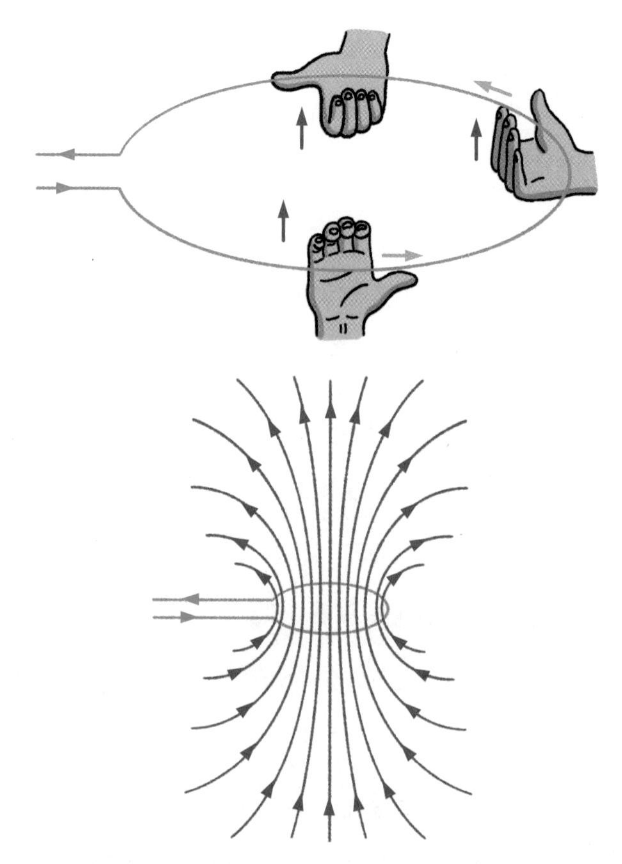

图3-7　电流沿着环形导线流动时的磁场方向（蓝线表示电流方向，红线表示磁场方向）

你有没有觉得图3-7中通电环形导线形成的磁场格外熟悉？没错，它与图3-4下图所示的磁铁周围的磁场非常相似。我们甚至可以说，环形电流形成的磁场和磁铁的磁场并无二致。这一结果在某种程度上暗示了磁铁的真面目可能就是环形电流。

磁铁的真面目

要想检验上述猜测是否正确，最终还是要弄清楚磁铁究竟是什么。鉴于磁铁不存在单独的N极或S极，所以我们必须深入研究构成磁铁的原子。在第1章学习电荷时，我们了解到原子是由带正电的原子核和围绕其运动的带负电的电子构成的，还有印象吗？核外的电子的绕核运动就是负电荷的运动，而负电荷的运动形成了电流。即电子在核外不停地旋转，形成了小型环形电流。

刚才提到电流流动会形成什么？对，会形成磁场。那么，电子的绕核运动就会形成一个原子级的磁场。再加上电子本身的自旋（spin）属性，即自转对这一磁场的形成也贡献了自己的一份力量。不过，这里所谓的“自转”只是将现代物理学的发现做了一个不是很恰当的比喻。只有现代物理学，特别是其中的量子力学，才能真正地解释磁现象。即只有量子力学才能解释为什么只有特定的原子具有磁性，以及它与自旋之间究竟存在什么联系等问题。具体内容只有等你上了大学，学习相关专业知识后才能理解。[①]

如图3-8所示，图中的小球是原子，周围绕其旋转的红色箭头表示电子运动形成的环形电流。环形电流会形成磁场，原子上面的直线箭头表示环形电流产生的磁场方向，其中有箭头的一端为N极，另一端则为S极。

没有外部磁场干扰时的原子状态如图3-8左图所示。各个原子产生的磁场方向无序排列、随机混合，因此整个物质不显磁性。换句话说，单位原子本身存在微弱的磁场，如果它们处于无序状态排列，那么物质在整体上就不具有磁性。但如果在该物质上端放置一个磁铁，如图3-8右图所示，用磁铁的S极靠近该物质，以施加外部的磁力，那么原子“磁铁”的N极会同时被磁铁的S极吸引，所有原子的磁场就会指向同一个方向，

---

① 据悉，关于磁性物质的磁性形成，电子的“自转”，即自旋发挥的作用要大于它绕原子核做轨道运动的“公转”发挥的作用。

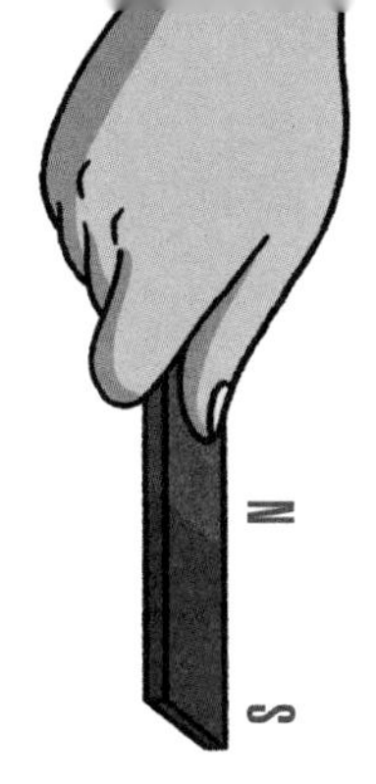

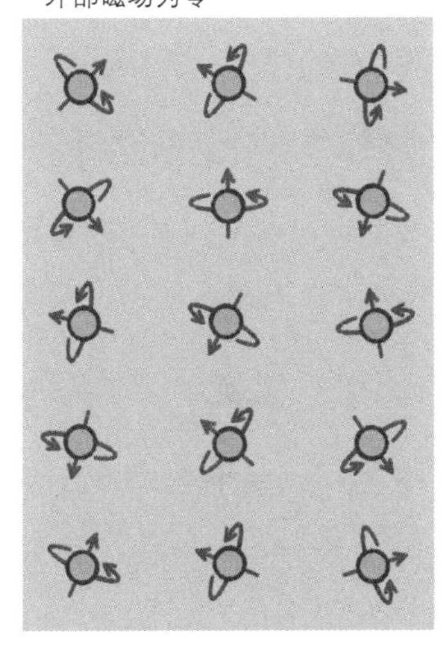

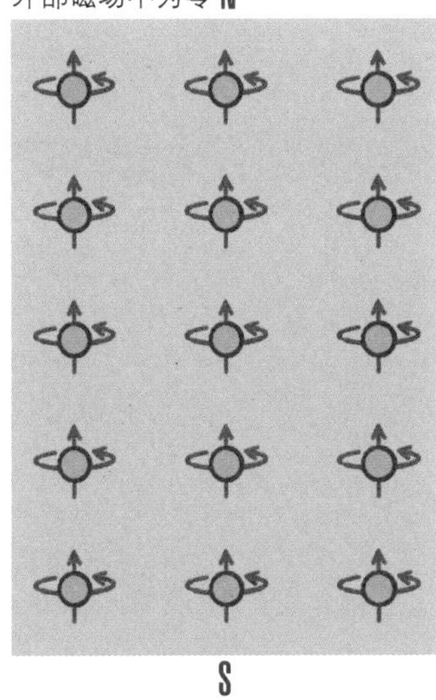

图3-8　当存在外部磁场干扰时，原本朝向各异的原子按照一致的方向排列

这样磁力的磁场互相叠加，使得由这些原子构成的物质也具有了磁性。

普通物质在外部磁铁被拿走之后，其内部原本有序排列的原子的磁场方向就会被打乱，磁性也会随之消失。但像永磁铁之类的特殊物质，它会维持有序的原子排列状态而不被打乱。这就是永磁铁的内部构造。各个原子级的超小型“磁铁”朝同一个方向排列，各个磁场叠加形成一个巨大的磁铁。但是这种状态并不会永久地持续。当永磁铁被加热至一定温度后，随着热能的增加，原子原先的有序排列状态就会被打乱，整个磁铁所具有的磁性也会消失。即便是永磁铁，当温度升高到一定程度时，磁性就会消失；如果温度降低，磁性则又会重新恢复。

在揭开了永磁铁的真面目之后，你现在终于明白为什么将磁铁切割后，会得到两个同样具有N极和S极的磁铁了吧？即便将图3-8右图的永磁铁从中间一分为二，因为原子的排列状态不会改变，所以N极和S极的形态也依然会保持。也就是说，切割后的磁铁中依然维持原子“磁铁”N极朝上、S极朝下的模式。当然，切割后的磁铁的长度变短，原子的数量会减少，但即便如此，这些原子的数量也足以维持切割后的磁铁具有N极和S极，进而表现出磁性。再往下切割也是一样的情况，因此磁铁的N极和S极永远无法分割开。

通过以上的内容，你学到了什么？是的，磁现象的本质是电流。曾经一度认为与电现象毫不相关的磁现象，最后也被证实和电流有着这样千丝万缕的关系。电流是产生磁场、使物质具有磁性的根本原因。而关于“电”和“磁”这对孪生兄弟的故事还没有结束，当电荷流经磁场时，会发生更加让人意想不到的神奇现象。让我们下章继续讨论吧！

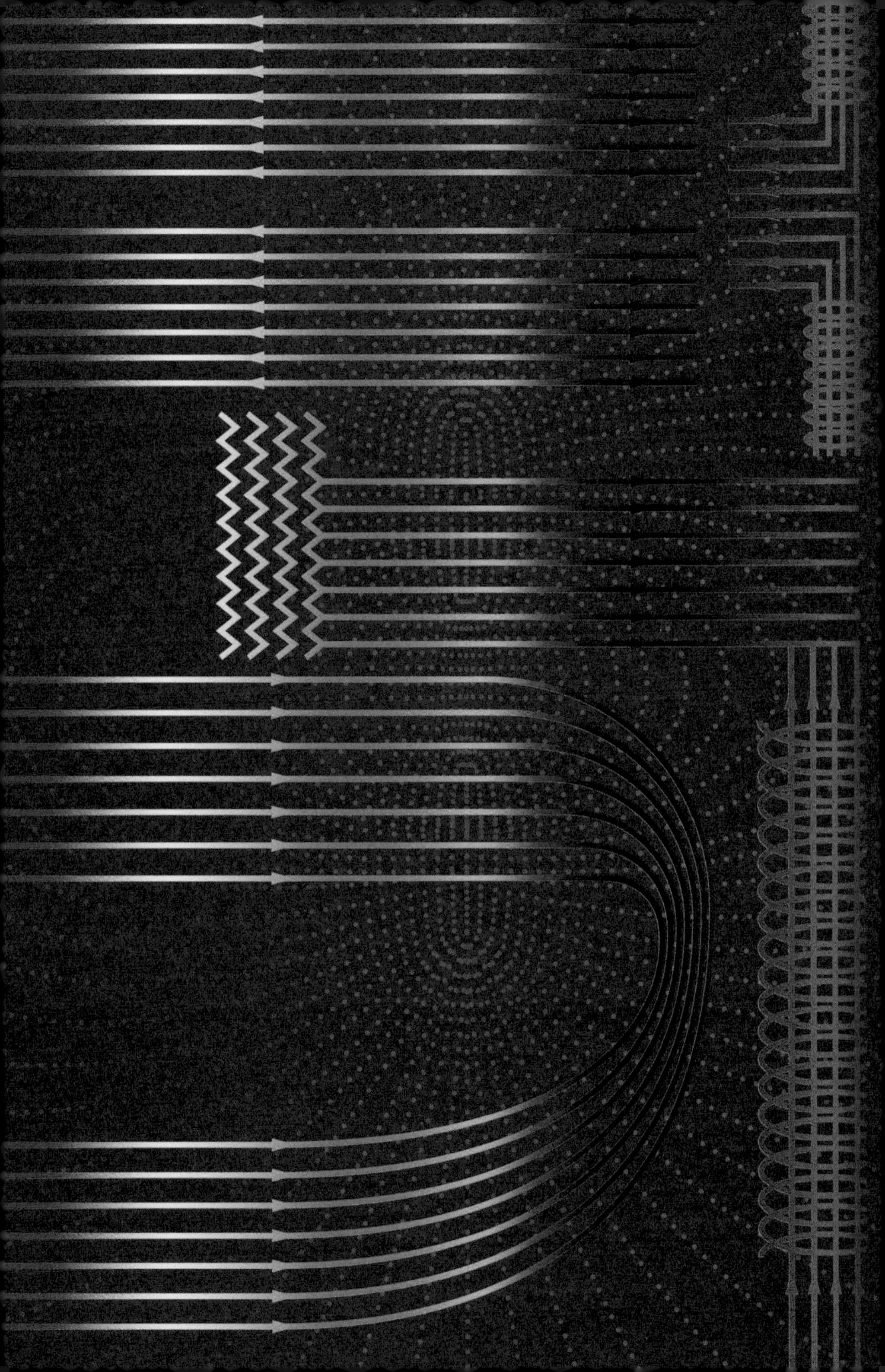

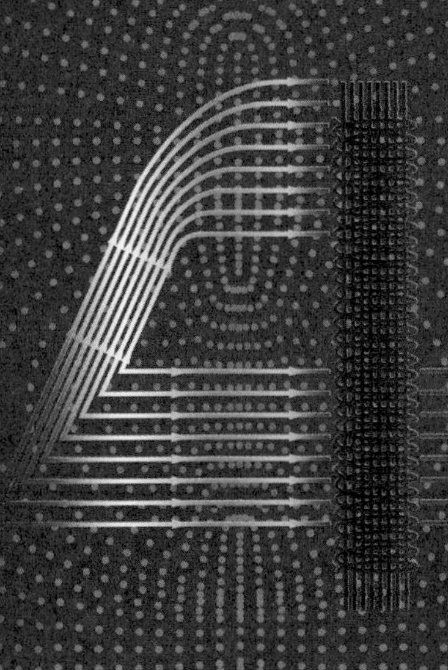

磁场的世界

运动的电荷和磁场

前面，我们已经揭开了藏在磁铁背后的冰山一角，感觉如何呢？现在，我们已经明白磁铁所表现出来的磁现象，就其本质而言，就是电流这一电现象。在本章中，我们将了解磁现象和磁场在我们日常生活中所起的作用。在此之前，我想再补充一个与磁场相关的力。只有了解了这个概念，才能理解那些我们日常生活中很熟悉或很耳熟的一些装置（如电动机、加速器等）的工作原理。它就是磁场对电荷的作用力，电荷因它在磁场中“翩翩起舞”。那么它究竟是什么呢？让我们一起来了解一下吧！

截至目前，我们都学习了哪些力呢？没错，首先会想到引力和静电力，接着是磁铁之间的磁力。现在，我们已知晓电流是磁现象的本质，电流能够产生磁场，而磁场会对小磁针等磁铁产生磁力的作用。那么，既然磁铁和电流都能产生磁场，磁铁和磁铁之间又会有力（磁力）的作用的话，你可能就会想，通电导线之间会不会产生相互作用力呢？或者会好奇，电流在磁场中会不会也受到力的作用，正如磁铁在磁场中会受到磁力的作用一样呢？这两个问题的答案都是肯定的，即通电导线之间会产生相互作用力，通电导线放置在磁铁周围也会受到磁力的作用。其中缘由，容我娓娓道来。

首先，假定在磁铁旁边放置一个正电荷。该电荷处于静止状态，那么不管旁边是否有磁铁，这个电荷都不会受到磁力的作用。哪怕这一磁铁拥有足以推动其他磁铁的强大磁力，在静止的电荷面前也无能为力。然而，一旦静止的电荷发生运动，就会发生惊人的事情。静止的电荷一旦以一定的速度运动起来，就会受到磁场的作用力。也就是说，磁铁形成的磁场虽然对静止的电荷无可奈何，但会对运动的电荷发挥作用。运动电荷在磁场中所受到的力被称为**洛伦兹力**（Lorentz force），它源自研究这一问题的科学家亨德里克·安东·洛伦兹（Hendrik Antoon Lorentz，1853—1928）。

然而，洛伦兹力的作用方式非常独特。我们所学的引力、静电力和磁铁之间相互作用的磁力，均是沿着两个对象（力的作用体）的连线，实现相互吸引或相互排斥的作用的。但是运动电荷在进入磁场后，会在磁场的垂直方向上受到力的作用，也会在自身运动方向的垂直方向上受到力的作用。换句话说，运动电荷在磁场中所受洛伦兹力的方向总是垂直于磁场方向（磁感线方向）和自身的运动方向。不过这里要满足一个条件，即当电荷的运动方向与磁场方向平行时，它不受洛伦兹力的作用。也就是说，只有当电荷的运动方向与磁场方向有夹角时，它才会受到洛伦兹力的作用。其中，当电荷的运动方向与磁场方向垂直时，它所受洛伦兹力最大。

垂直于磁场方向和电荷的运动方向？只听我在这里解释，是不是已经云里雾里了？我们结合图片来分析一下。如图4-1上图所示，正电荷在两个磁铁产生的匀强磁场中运动。在两个磁铁磁极的作用下，磁场方向为图中蓝色箭头所指方向，正电荷朝着垂直于纸面的方向向内移动，此时正电荷所受洛伦兹力的方向为红色箭头所指方向。红色箭头同时垂直于表示磁场方向的蓝色箭头和表示正电荷运动方向的绿色箭头，那么正电荷在通过磁场时，就会受到洛伦兹力的作用而发生向上偏移。正电荷移动会形成电流，因此，如果置于两个磁铁中间的不是正电荷而是通电导线，那么该通电导线也会受到向上的洛伦兹力的作用。

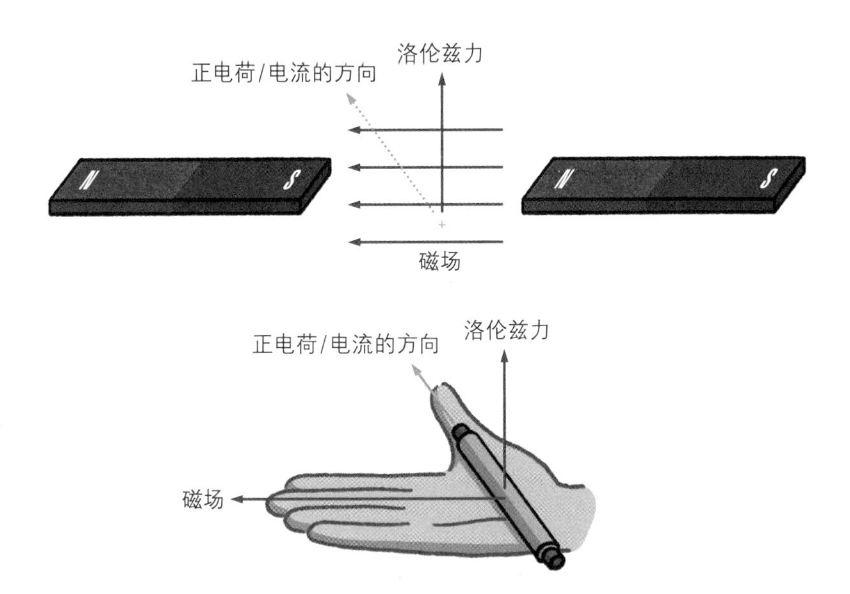

图4-1　在磁场中，运动电荷所受洛伦兹力的方向既垂直于磁场方向又垂直于电荷的运动方向

当放置在磁场中的电荷为负电荷时，由于电性相反，电荷所受洛伦兹力的方向也相反。即在相同条件下，负电荷所受洛伦兹力的方向是向下，而不是向上。洛伦兹力的方向会根据运动电荷的电性变化而发生变化。

总结一下，上述过程涉及三个方向：① 磁场方向；② 正电荷的运动方向（电流的流动方向）；③ 正电荷所受洛伦兹力的方向。如图4-1下图所示，我们可以利用右手来判断三个方向之间的关系。伸开右手，使大拇指与其余四个手指垂直，并与手掌在同一平面内；让大拇指指向正电荷的运动方向，其余四指指向磁场方向，这时掌心的朝向就是运动的正电荷在磁场中所受洛伦兹力的方向。电荷在垂直于其运动方向的洛伦兹力的作用下会怎样呢？它的运动方向会发生变化。尽管电荷的运动方向改变，但洛伦兹力的作用方向依然垂直于其新的运动方向。所以说，垂直作用于电荷运动方向的洛伦兹力会不断改变电荷的运动方向。这样，电荷的运动方向将一直改变，最终做圆周运动。①

如图4-2所示，假定两个磁铁产生的磁场的方向为垂直于纸面向外，沿垂直于磁场的方向射入一个正电荷，该正电荷由于受到垂直于磁场方向和运动方向的洛伦兹力的作用，运动方向随之发生改变。图4-2中的红色箭头表示洛伦兹力的方向，可以按照图4-1所示的方法，自己用右手确认一下这些方向是否正确。无论正电

---

① 我们将垂直于物体运动方向的力称为向心力。地球和月亮之间的万有引力就是不断将月球拉向地球的向心力。

荷如何运动，洛伦兹力的作用方向都与正电荷的运动方向垂直，所以正电荷就如图所示做圆周运动。而如图4-3所示，当磁场中运动的电子与容器内稀薄的气体分子发生碰撞时，电子会把一部分的动能传递给气体分子，使其发光。从图中我们可以直观地观察到电子在磁场中做圆周运动。

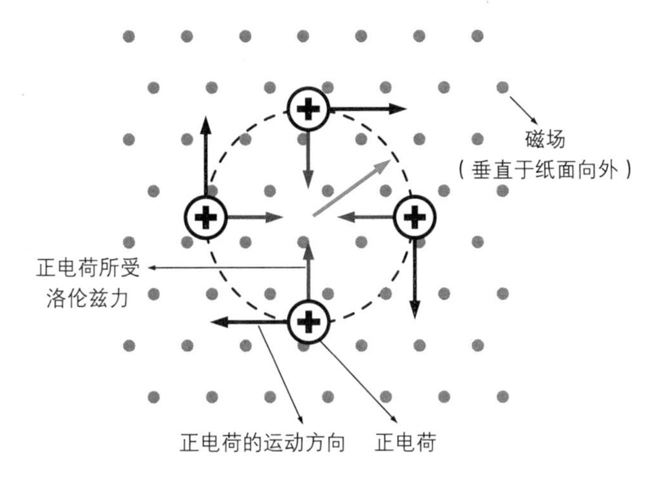

图4-2　正电荷的运动方向发生变化，由于洛伦兹力的作用方向垂直于正电荷的运动方向，正电荷最终做圆周运动

再总结一下：磁场中静止的电荷不会受到洛伦兹力的作用，而当它开始运动时，就会受到洛伦兹力的作用；洛伦兹力的作用方向同时垂直于磁场方向和电荷的运动方向。

图4-3　运动的电子与稀薄的气体分子碰撞后，部分动能会转化为光能！

电荷的运动会形成电流，由于单个电荷会受到洛伦兹力的作用，那么由电荷积聚形成的电流也会受到洛伦兹力（这里更准确的表述应为安培力，它是洛伦兹力的宏观表现，为便于理解，后文中不做区分）的作用。也就是说，如果把通电导线置于磁场中，那么该导线同样也会受到洛伦兹力的作用。还记得之前说过电流的流动方向和正电荷的运动方向是一样的吗？因此，当正电荷在磁场中移动时，其所受洛伦兹力的方向就是同向流动的电流所受洛伦兹力的方向。也就是说，通电导线所受洛伦兹力的方向和强度等同于各个电荷所受洛伦兹力的方向和强度之和。因此，电流越大，磁场中的导线越长，通电导线受到的洛伦兹力会越大。

磁场对电流的作用力

下面我们更进一步，不仅磁场中的电流会受到力的作用，电流之间也会产生相互作用力。但为什么会这样呢？我们一起来想一想。之前说过电流会形成磁场，对吧？让我们边看图4-4，边讲解两个电流之间的作用力吧！图4-4左图中有两根电流方向相同的通电导线（1号和2号），每根导线会自行形成磁场。

我们先来看一下1号导线产生的环形磁场。根据图3-6提供的方法，1号导线中的电流会形成环形磁场，在2号导线位置处，1号导线产生的磁场的方向为垂直于纸面向内。通过右手螺旋定则，即可得出上述结论。此时，2号导线内有向上的正电荷（电流）通过，根据

图4-1所示的方法，我们知道2号导线内正电荷会受到向左的洛伦兹力的作用，即被拉向1号导线。同样，2号导线产生的环形磁场使1号导线受到向右的洛伦兹力的作用。因此，两根通电导线中电流方向相同时会相互吸引。

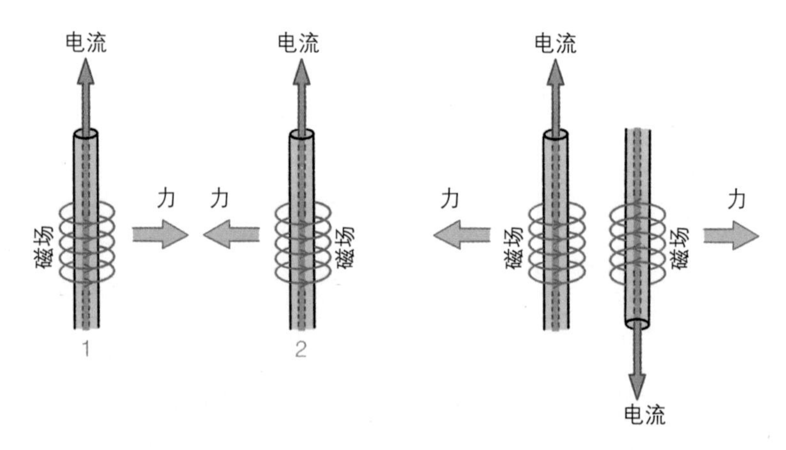

图4-4　当两根通电导线中电流方向一致或相反时，其产生的作用力的方向有何不同?

如果两根通电导线中电流方向相反，那么又会怎样呢？仔细分析每根导线产生的磁场方向和其中的电流方向，就很容易得出两根导线相互排斥的结论。如图4-4右图所示，自己动手来判断一下洛伦兹力的方向，一点也不难！

好了，我们已经了解了磁场对通电导线的作用力的原理，而现实生活中最能体现该原理的应用实例就是输电塔。当电流流经固定在输电塔上的高压电线时，高压电线会根据电流的方向而受到引力或斥力的作用。若高压电线之间互相接触，就会发生短路、停电等严重问题。因此，输电塔上的高压电线之间须安装垫片（图4-5），这样能够保证即使受到洛伦兹力的作用或其他外部因素的影响，高压电线之间也始终保持一定的距离。话又说回来，磁场对运动电荷产生的作用力并不只会给

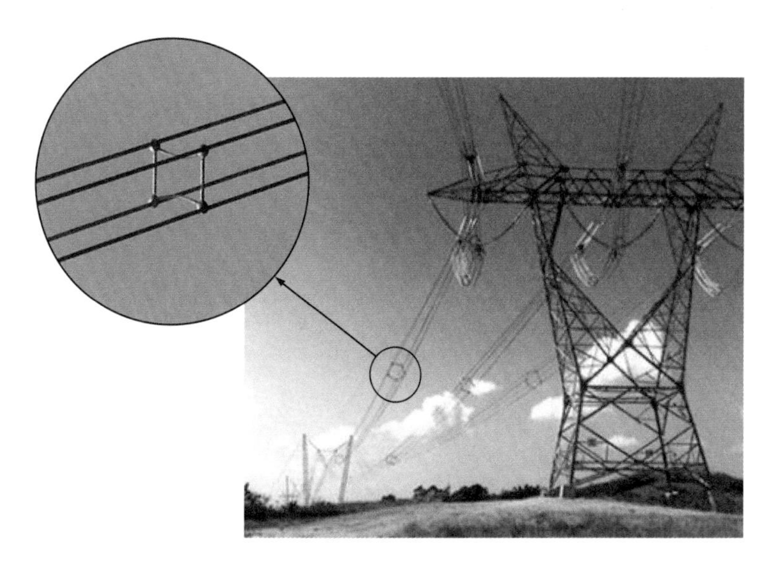

图4-5　输电塔上的高压电线之间须安装垫片，以免因洛伦兹力或风等因素而接触！

我们带来难题，恰恰相反，科学家们和工程师们可以利用这一原理做进一步深入研究，发明很多非常有用的设备或仪器。在正式介绍这些发明之前，首先让我们了解一下如何利用电流制造超强磁铁——电磁铁吧！

利用电流制造电磁铁

电磁铁就是利用电流产生磁场这一原理的一个有趣的实例。还记得通电直导线周围会形成圆形磁场吗？而图3-7又向我们展示了通电环形导线周围的磁场。当电流流经圆形导线环时，导线环内会形成匀强磁场，从环外来看就像是一个小磁针，其中一端是N极，另一端是S极。通电环形导线之所以具有磁铁的性质，这是因为磁现象的本质就是电流。

如果将电流方向相同的通电环形导线并排放置在一起，那么会发生什么呢？每根通电环形导线会形成磁场，它们产生的叠加效应会不会更加显著呢？最简单的验证方法就是利用图4-6中的**螺线管**（solenoid）。当电流流经螺线管时，卷绕的各个导线环所产生的磁场会叠加在一起，在线圈内部形成匀强的磁场通道。如果将图4-6中螺线管产生的磁场等同于图3-4中条形磁铁产生的磁场，那么我们也可以认为螺线管就是条形磁铁。这种通电后具备磁铁的性质的线圈装置就被称为电磁铁。

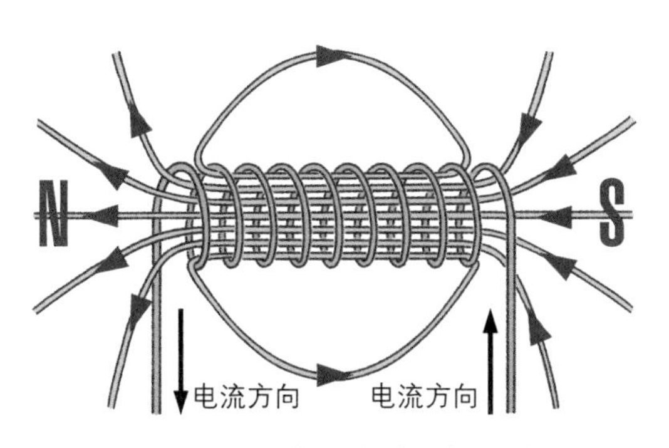

图4-6　螺线管通电时产生的磁场

电磁铁通常是将导线卷绕成螺旋形，类似于将图3-7中环形导线的匝数提升至数百圈乃至数千圈。这种电磁铁具有磁性，当在线圈的右侧放置小磁针时，小磁针的S极会如图4-7所示被电磁铁的N极吸引。也就是说，电磁铁就相当于下方的磁铁，能使小磁针发生偏转。①

① 利用右手螺旋定则可以确认螺线管通电时哪一端是N极。将右手的四个手指卷曲方向与螺线管线圈电流方向保持一致，这时右手大拇指所指的方向是N极，另一端是S极。

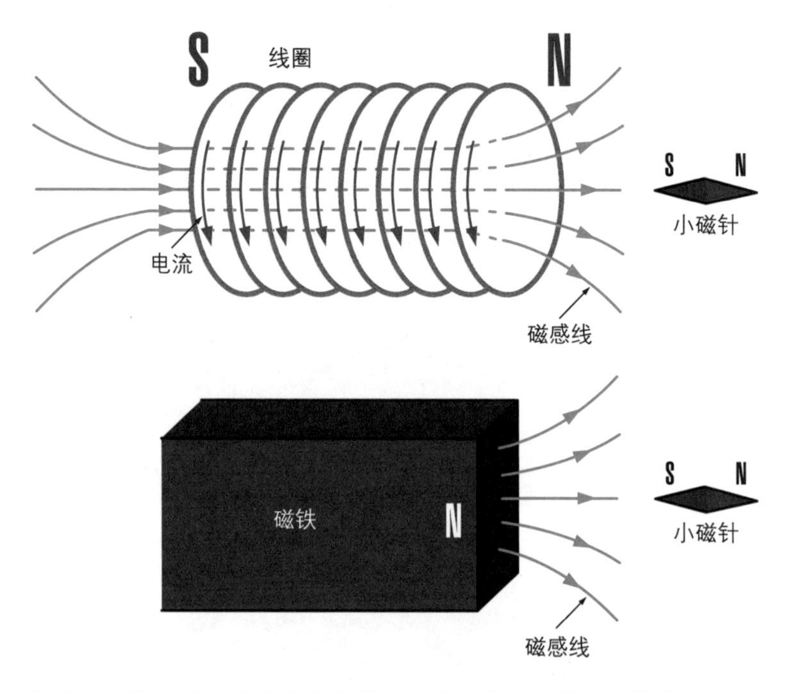

图4-7 线圈通电后会产生磁性，小磁针的S极被电磁铁的N极所吸引

那么在利用螺线管制造电磁铁时，能否制造出磁性更强的磁铁呢？若能，我们可以怎么做呢？第一个问题的答案是肯定的。首先，增加线圈的匝数，这样电流环的排布会更加紧密，这和通过增加直导线的电流量来增强磁场强度的效果类似；其次，在线圈中置入铁等具有磁性的物质，这样也会增强电磁铁的磁场强度。如果使用比铜的导电性更好的银，那么电磁铁的磁场强度会更

强。但这会导致性价比降低，在现实中并不适用。

电磁铁的应用范围非常广泛，这里无法一一提及。其中，最具代表性的例子就是废车场里的起重机。它之所以能吊装铁制的废旧汽车，靠的就是强力电磁石。在吊起铁制物体时，给电磁石通电从而产生强磁性；在下放时，切断电流即可消除磁性、完成作业。

磁力的馈赠

目前为止，我们已经讲解了磁铁、磁场及磁力的基本性质。接下来，让我们来了解一下磁力给予人类的馈赠吧！首先我想说的是，磁力是地球上的生命赖以生存的保护伞，为我们提供了安全保障。你肯定会很疑惑，讲着磁铁好好的，怎么突然话锋一转说起地球了？还记得第3章中有一位名叫吉尔伯特的科学家提出，地球本身就是一块巨大的磁铁吗？地球形成的磁场也可以简称为“地磁场”。在第3章中，我们还知道了磁铁的本质是电流。可是地球之外并没有能给地球供电的特别装置，那么是不是地球内部存在电流呢？

没错，确实如此。根据地球的剖面图，最外层就是我们脚下所踩的地壳，地壳下面是地幔，再往里就是外核和内核。包裹内核的外核由熔化成液体的铁或镍等金属组成，科学家们认为地磁场源自外核中存在的电流。话说回来，我们为什么说地磁场是地球生命体的保护伞呢？要想解释清楚这一点，就要从太阳风（solar wind）的危害说起了。

太阳风，顾名思义就是从太阳吹来的风。尽管称之为风，但它并非大气的气流流动，既不能吹起你的秀发，也不能带来清爽。正如地球上的地壳运动会引发地震一样，太阳表面也会发生各种各样的太阳活动。这些太阳活动会向宇宙喷发大量物质流，这便是太阳风。太阳风由高速电子、质子、氦原子核之类的带电粒子流构成，它们属于放射性物质且动能极高，一旦正面袭击地球表面，就会给地球上的生命带来致命打击，如破坏生物体的活体组织、引发DNA突变等。但这种高能太阳风到达地球后，最先遇到的阻碍就是地磁场。正如前面所说，运动的带电粒子进入磁场后，会受到洛伦兹力的作用而改变原来的运动方向。因此，即将席卷地球表面的太阳风中的带电粒子会因地磁场的作用而改变运动轨迹，绕开地球而行。图4-8所展示的正是地磁场抵御太阳风的场景。从这一方面来说，地磁场同大气一道，称得上是保障地球生命体免受强力太阳风侵袭的最重要的保护伞。①

人类利用洛伦兹力能改变电荷运动方向这一原理创造了很多伟大的发明。其中最具代表性的就是加速器。加速器，顾名思义就是一种提高粒子速度的装置。如图4-9所示，该加速器装有圆形的储存环，能将环内电子加速至接近光速做圆周运动。电子等带电粒子的运动速度极快，在运动方向发生改变时会释放出强烈的X射线，而X射线具有穿透性，照射在物质上可以清楚地了解其结构。

如何改变高速电子的运动方向呢？这其实也与磁场相关。在需要改变电子运动方向的位置上放置电磁铁来产生磁场，即可利用洛伦兹力改变电子的运动方向。电子运动方向变化瞬间释放的X射线可应用于众多领域的

---

① 部分因地磁场而发生偏转的带电粒子进入地球极地大气层，与大气中的气体分子碰撞而发光，这便是极光。

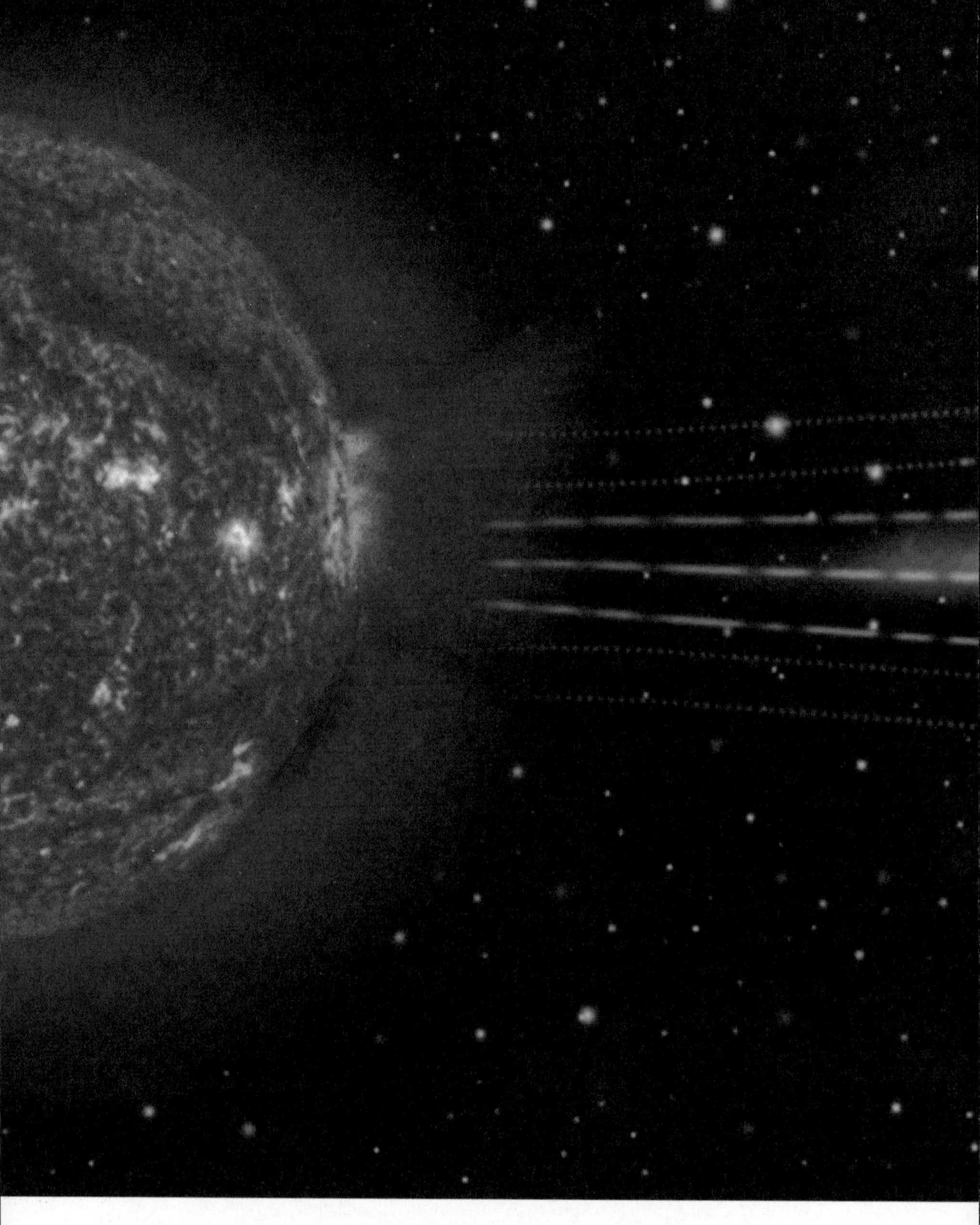

图4-8　地球外核形成的磁场保护我们免受太阳风的侵袭！

尖端研究。回顾图4-2，就能明白这句话的言中之意。因此，磁场就好似汽车的方向盘，可以精确地控制带电粒子的运动方向。

图4-9 韩国浦项放射光加速器全景

洛伦兹力的应用——电动机和扬声器

前面我们已经讲解了几个洛伦兹力的应用实例，但其实在所有洛伦兹力的应用中，最具代表性的当属电动机，又称电动马达。电动机常被安装在各种机器装置中，将电能转换成旋转动能。从电动机的作用原理上看，前面所说的洛伦兹力可谓起到了核心作用。让我们根据

图4-10来看一看电动机的工作原理吧！

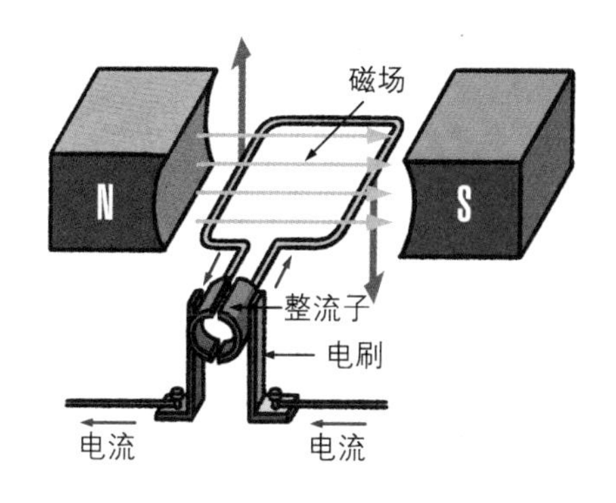

图4-10　电动机的构造

图4-10中有两块磁铁，磁场方向是由左侧磁铁的N极指向右侧磁铁的S极。在这两块磁铁中间放置一个四边形线圈（相当于电枢），在线圈内通入图中所示方向的电流。电荷在磁场中运动时会受到垂直于磁场方向和电荷运动方向的洛伦兹力的作用，从图中可以看出，线圈左侧电流的方向垂直于纸面向外，而右侧电流的方向则垂直于纸面向内。结合图4-1的检验方法，根据磁场方向就可以知道线圈左侧受到向上的洛伦兹力的作用，线圈右侧受到向下的洛伦兹力的作用，如图中紫色箭头所指，线圈将做旋转运动。

那么，线圈中其他部分的导线呢？这些导线的电流方向与磁场平行，因此不会受到洛伦兹力的作用。然而，随着电流的流动，左侧线圈向上旋转半圈来到右侧，却仍然受到向上的作用力，因此无法按照原来的方向继续旋转。为了使线圈能够持续转动，线圈每旋转半圈，就应该改变电流的方向（改变电流方向的时机应该是线圈平面与磁场方向垂直，即图中线圈左侧旋转至最高或最低处的时候），而起到这一作用的就是整流子。这样不断运转的电动机是各种动力装置和机械装置的必备组件。

驱动电动机旋转的洛伦兹力也同样可以应用于扬声器。扬声器内安装了能调节音量的装置，那么它又是如何让声音变大或变小的呢？在扬声器内，洛伦兹力的作用就是使发声的振动板（diaphragm）发生振动。让我们根据图4-11来了解扬声器的工作原理吧！扬声器内有一块如图所示的三段式永磁铁。如果中间是N极，那么两端就是S极。中间磁铁上缠绕的线圈，被称为音圈

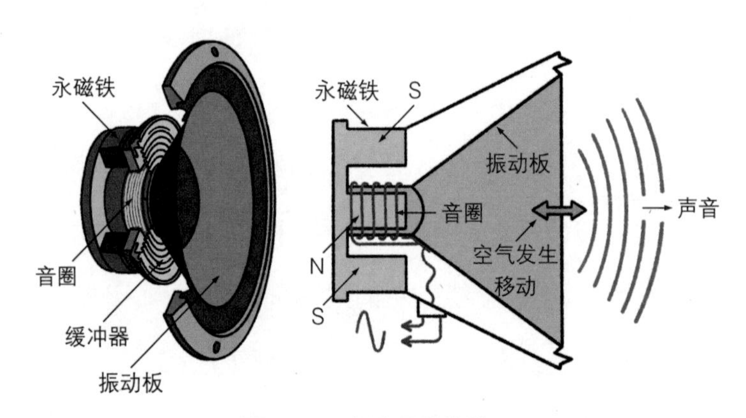

图4-11　扬声器的构造

(voice coil)。磁铁如若按照图中所示进行摆放，就会产生从N极指向S极的磁场，那么需要播放的声音信息则会通过电路进入音圈。根据扬声器需要播放声音的频率或音量，通过音圈的电流量会有所不同。

而通电的音圈位于N极和S极之间，它会在洛伦兹力的作用下发生移动。仔细看图就能知道音圈在磁场中所受力的方向是向左还是向右。同时，这个音圈又与振动板相连，因此携带声音信号的电流在洛伦兹力的作用下触动振动板而发出声音。振动板带动周围的空气，声音就会传到我们耳朵的鼓膜内。即使是同样的声音信号，只要增大流经音圈的电流，增大的洛伦兹力会使振动板更加剧烈地晃动，声音随之变大。

感觉如何？利用磁现象和磁铁、磁场和磁力的设备是不是比你想象的还要多？除上面的例子之外，我将在第5章中提到无线充电器和存储数据时用到的磁记录设备等，这些都是磁现象的代表性应用实例。

我们的电磁之旅即将迎来最后一站——电磁感应。只有弄明白了电磁感应现象，才能真正揭开电磁的真面目。事不宜迟，我们抓紧出发吧！

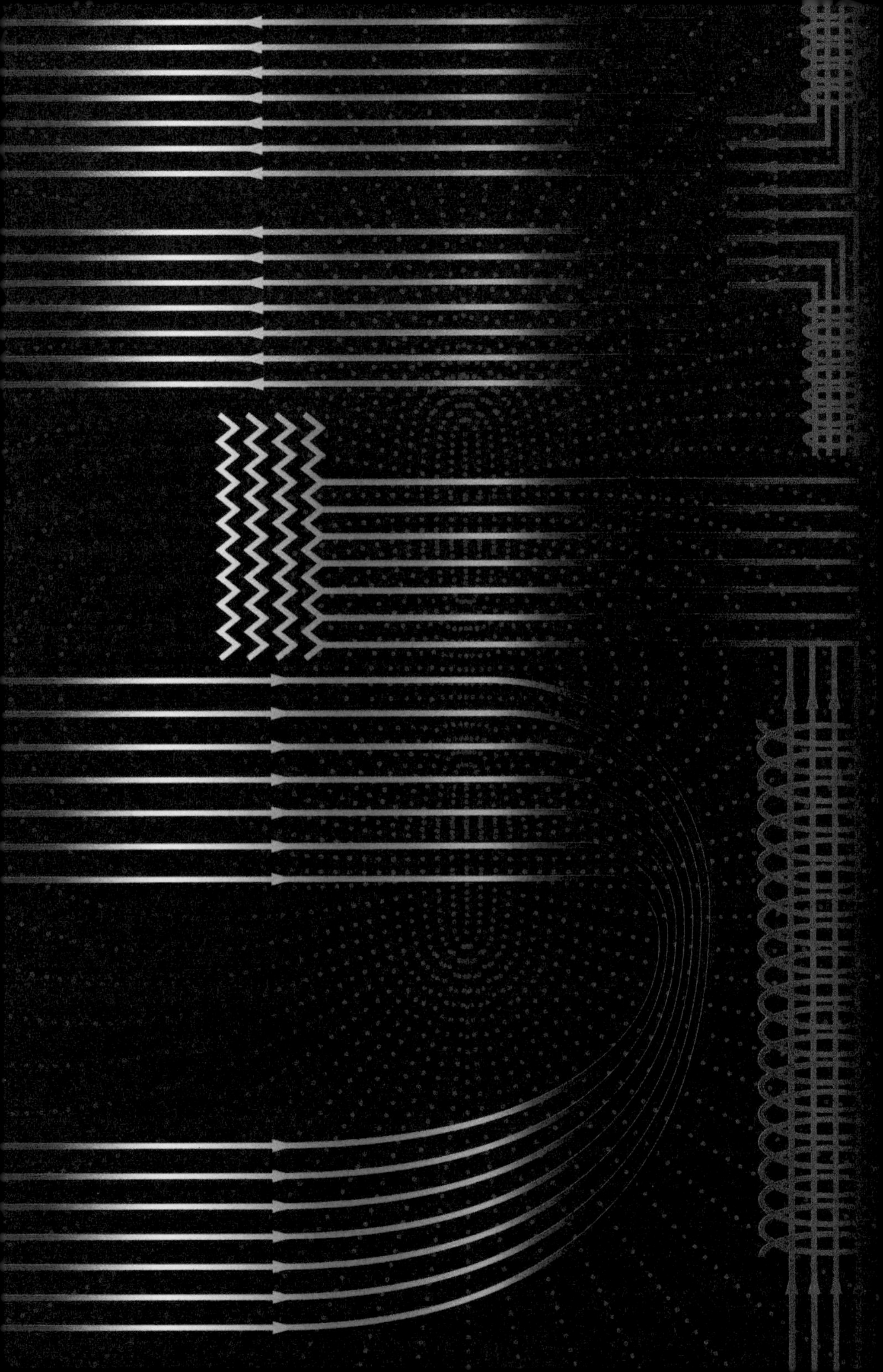

电磁感应

法拉第与电磁感应现象

首先整理一下之前的内容。第1章和第2章的内容涉及电现象，我们了解到电荷的存在，以及电荷之间存在相互作用的静电力；第3章和第4章的内容涉及磁现象，我们讨论了磁铁之间存在相互作用的磁力，以及电流的磁效应。电流的磁效应告诉我们不仅磁铁能够产生磁场，电流也能产生磁场，揭示了电现象与磁现象之间存在某种联系；反过来，磁场对运动的电荷（电流）会产生作用力，即洛伦兹力。电流能够产生磁场，磁场又能作用于运动的电荷（电流），但是你是否知道，它们之间还隐藏着更为惊人的秘密？让我们在本章中揭示答案。

既然电能产生磁，那么反过来，磁是否能产生电呢？已知“已经存在”的电流在磁场中会受到洛伦兹力的作用，那么反过来，磁场真的也能产生“不存在”的电流吗？电流的磁效应一经发现后，很多科学家开始尝试利用磁现象来生成电。比如，有人将磁铁放在导线圈附近，或者直接将导线缠绕在磁铁上，以观察导线内是否有电流通过，但种种尝试均无所获。这是因为磁生电（电流）的方式非常特别，很难被发现。

最早发现磁生电现象的人就是我们在第1章中提到过的法拉第。他历经10多年的艰辛探索，终于在1831年发现了磁生电现象。就在他发现这一现象的当天，法拉第在他的研究日志中写下了这几个大字："磁能够转化为电。"那么，法拉第的实验是怎样成功的呢？

图5-1中有两个导线缠绕而成的线圈，连接在电池上的线圈为A线圈，连接在灵敏电流计上的线圈为B线

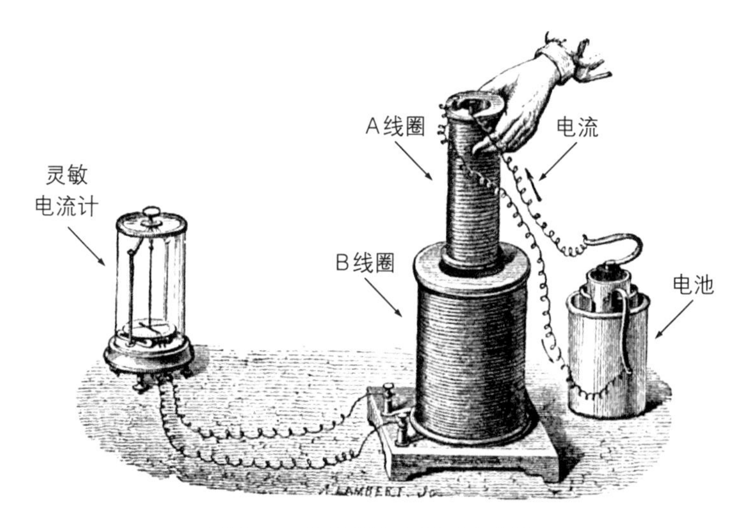

图5-1　法拉第的电磁感应实验

圈。其中，灵敏电流计用来检验回路中是否有电流产生，而电池可以保证A线圈中有稳定的电流通过。B线圈与灵敏电流计相连，当电流流经B线圈时，灵敏电流计的指针会发生偏转。正是通过这个实验，法拉第成功发现了电磁感应现象。[①]

那么，这些实验装置又是如何产生电的呢？线圈中一旦有电流通过就会变成什么？对，电磁铁。从通电的那一刻开始，A线圈就变成了电磁铁，因此线圈的内部和外部都会产生类似于永磁铁的磁场。法拉第发现，在开关闭合的瞬间，即A线圈通电的瞬间，灵敏电流计的指针发生了偏转，这说明B线圈中有电流通过。虽然在当时已经有人发现了这个现象，但并没有对此进行仔细研究，也许他们认为这只是单纯的实验错误罢了。但是法拉第没有放过这个细节，他坚信这背后隐藏着某种不为人知的原理。

---

① 美国物理学家约瑟夫·亨利（Joseph Henry，1797—1878）比法拉第更早发现了电磁感应现象，但因为未能及时发表这一实验成果，所以发现电磁感应现象第一人的称号就落到了法拉第头上。因此在科学领域，通过论文公开发表自己的研究成果非常重要。

在A线圈通电形成磁场后，B线圈中不再有电流通过，也没有任何其他的反应。切断A线圈中的电流，磁场也会随之消失，对吧？问题是，在那一瞬间，灵敏电流计的指针再次发生了偏转，这说明B线圈中再次有电流通过。开关闭合和断开的过程，就是A线圈的磁场产生和消失的过程。也就是说，B线圈并不是对A线圈的磁场做出了反应，而是对磁场的变化做出了反应。

而且法拉第还发现，除A线圈通电和断电的瞬间会有电流通过B线圈之外，当A线圈在通电状态下向B线圈内移动时，B线圈中也会有电流产生。如图5-2所示，用磁铁代替A线圈向B线圈内移动时，B线圈中会产生瞬间的电流，但磁铁一旦静止，电流就会消失。

从以上实验结果可以看出，产生电流的条件与磁场的变化有关，静止在磁场中的导线不会自动产生电流，关键是磁场的变化。当通过B线圈的磁场发生变化时，导线内就会产生电流；当磁场变化停止时，电流就会消失。也就是说，只有在磁场发生变化期间，才能产生电流。当导线所在的磁场发生变化时，其内部会产生电流，这种现象被称为**电磁感应现象**，而这种感应现象所

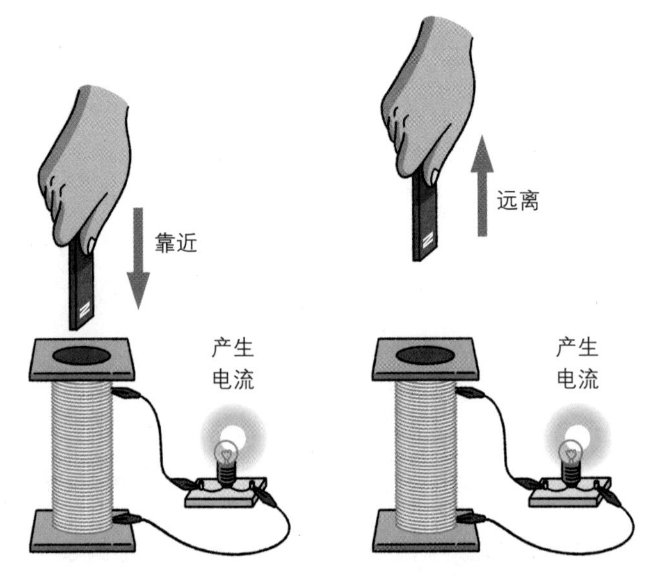

图5-2　磁场的变化所产生的电现象

产生的电流叫作**感应电流**。

那么，磁场的变化会产生感应电流意味着什么呢？还记得第2章中讲到电流的流动需要“电泵”的作用吗？“电泵”是增加电势能的元件。我们日常生活中使用的电池就是最具代表性的“电泵”。B线圈所在的磁场发生变化，就相当于在导线中安装了一个看不见的电池，能够产生电流。即便B线圈并没有与电池相连，我们通过改变该线圈所在的磁场也能产生电压。这种虚拟电池的电压是由电磁感应现象产生的，被称为**感应电动势**。

电磁感应现象的发现是人类历史上浓墨重彩的一笔，你真的很难想象当时的法拉第有多么开心。那么，这一现象到底给人类生活带来何种翻天覆地的变化，我将在后文中一一讲述。

电磁感应现象产生的条件

话说回来，为什么会产生电磁感应现象呢？磁铁并没有与导线直接相连，只是单纯地靠近或远离就能使导线内产生电流，相当于直接给导线接上了电压，是不是很神奇？要想准确理解电磁感应现象，还得回到第4章中讲述过的磁力。在坐公交车的时候，有没有感觉好像自己并没有动，而是周围的风景在动？如果人是磁铁，那么便是磁铁在运动，但换个角度来想，也可以认为磁铁处于静止状态，而导线在反复地靠近和远离磁铁。之前我们学过，金属导线内充斥着自由移动的电子，这些电子在磁铁产生的磁场中移动，自然会受到磁力的作用，电荷在磁力（洛伦兹力）的作用下运动从而形成电流。从上述磁力的角度，就能很容易理解电磁感应现象。[①]

现在，让我们来思考一下电磁感应现象产生的条件吧！如何利用电磁感应现象，增大B线圈中的感应电流呢？之前我们讲过，感应电流的产生是因为B线圈所处的磁场发生了变化，那么要想增大感应电流，只需加大磁场的变化幅度就可以了。比如，可以加快向B线圈中放入或移开磁铁的速度，这样磁场的变化速度越快，产生的感应电流就越大。另外，利用增加线圈匝数来增强电磁铁磁性强度的原理，还可以增加B线圈的匝数，因为每匝都能产生感应电流，所以匝数越多，感应电流也就越大。

除了改变线圈内磁场强度的方法，还有一些方法也可以产生电磁感应现象。如图5-3所示，将永磁铁的两个异性磁极平行固定，使之形成磁感线自左向右的匀强磁场。如图5-3上图所示，在匀强磁场中放置一个垂直

---

① 我们可以从磁力的角度来理解电磁感应现象，但这并不能解释电磁感应现象的全部内容。如图5-1所示，即便两个线圈相对不动，也会产生电磁感应现象。重要的是磁场的变化，这才是电磁感应现象的核心。

于磁场方向的环形导线，导线环所在的磁场强度为固定值，这时环形导线内没有任何变化。但如果把垂直于磁场方向的环形导线向右旋转90°，会发生什么呢？在磁

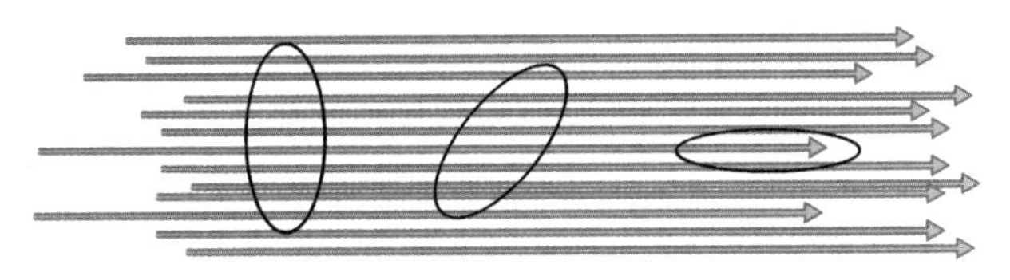

在磁场空间内，环形导线的摆放位置从与磁场垂直到与磁场平行

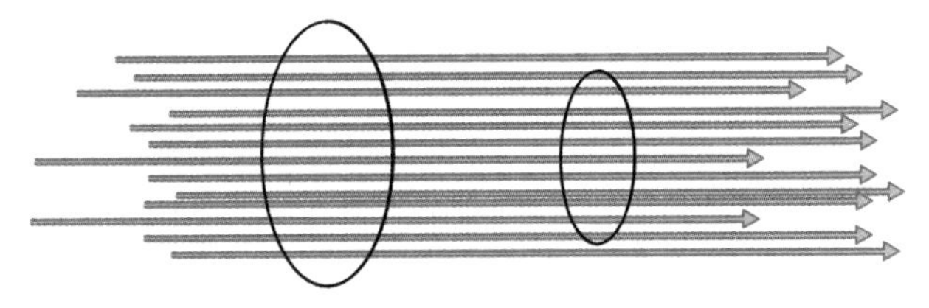

在磁场空间内，环形导线的摆放位置与磁场垂直，而闭合面积发生变化

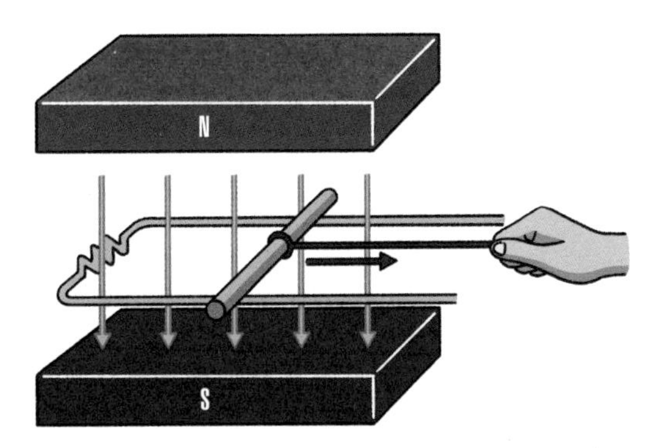

在一块磁铁的N极和另一块磁铁的S极形成的磁场中，环形导线的闭合面积发生变化

图5-3　用环形导线改变磁场强度的方法

场强度不变的前提下，环形导线的转动将改变穿过导线环的磁场的量（磁通量）。这是因为磁场通过的环形导线的闭合面积在不断变化。当环形导线垂直于磁场方向时，穿过导线环的磁通量最大；当环形导线与磁场方向平行时，穿过导线环的磁通量为零。像这样穿过环形导线的磁通量发生变化，就相当于引起电磁感应现象的磁场发生变化。因此，当环形导线在磁场空间内转动时，其内部就会产生周期性的感应电流。这一方法也是发电机的基本原理，稍后我会详细介绍。

还有一种方式就是改变环形导线的闭合面积。如图5-3中图所示，磁场强度不变，环形导线的闭合面积发生变化，即穿过导线环的磁通量发生变化，所以导线环内也会产生电磁感应现象，从而产生感应电流。那么，如何改变环形导线的闭合面积呢？想来一定很难吧！如果像图5-3下图一样，在磁场内放置一个“匚”形导线，在上面放一根金属棒，并以一定的速度牵拉，会发生什么呢？“匚”形导线和金属棒闭合的四方形面积会发生变化，通过这个四方形的磁通量自然会随之发生变化，从而产生电磁感应现象，四方形闭合导线内产生感应电流。

以上电磁感应现象产生的条件都明确了吗？但还有一点没有讲。我们只提到了穿过导线环的磁通量发生变化，就会产生感应电流，但并没有提及感应电流的流向问题。B线圈中感应电流的方向存在两种可能（灵敏电流计的指针向左或者向右），而且有趣的是，大自然似乎很讨厌外部磁场发生变化，即B线圈中有感应电流生成后，所产生的自身磁场总是阻碍外部磁场发生变化。这是什么意思呢？我们来看图5-4。

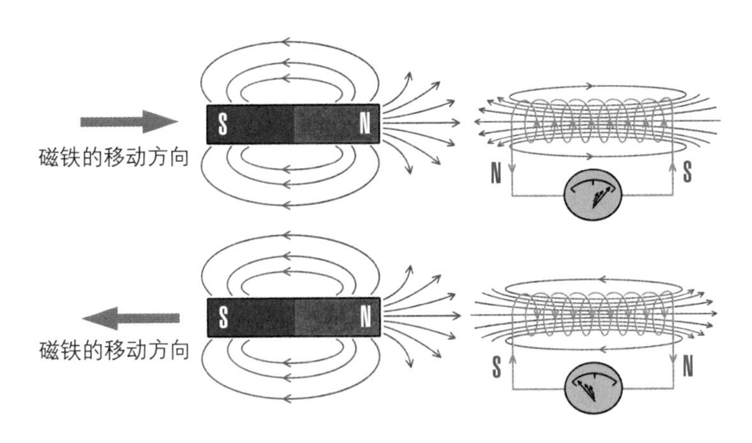

图5-4　螺线管内的感应电流随着磁铁的移动方向发生变化

图5-4上图是将磁铁的N极靠近螺线管的情形。螺线管在没有通电的情况下，并不会单独产生磁场。但如

果有外部磁铁逐渐靠近，通过导线环的磁场就会越来越强。那么，随着磁场发生变化，线圈内就会产生感应电流，螺线管也就变成了一块电磁铁。此时，沿着螺线管流动的感应电流的方向可以是向左或者向右，然而实验结果显示，螺线管内的感应电流总是朝着阻碍外部磁场增强的方向流动。因此，如果磁铁的N极靠近，感应电流就应该朝着阻碍N极靠近的方向流动。

总结起来，作为线圈，它既不希望外部磁铁靠得太近，也不想外部磁场离得过于遥远。在第4章中，我们了解到线圈式电磁铁的极性和磁场方向取决于电流方向。正如图5-4上图所示，右手四指的握向与线圈内的感应电流的方向保持一致，大拇指所指的那一端就是电磁铁的N极。也就是说，当外部磁铁的N极靠近时，感应电流只有按照图中所示的方向流动，才能在近端形成N极，与靠近的磁铁的N极相互排斥，以达到阻碍的效果。

而如图5-4下图所示，当磁铁的N极远离线圈时，感应电流的方向又会发生怎样的变化呢？当外部磁铁的N极逐渐远离螺线管时，通过线圈截面的磁场越来越弱，从而会产生阻碍这一变化的感应电流。为了阻碍磁铁N极的远离，感应电流的方向必须像图中所示一样，将电磁铁的近端磁极变为S极。因此，当磁铁的N极靠近和远离螺线管时，产生的感应电流的方向正好相反。如果将磁铁反复地靠近和远离，感应电流的方向也会发生周期性的变化。这就是第2章中涉及的交流电。

首次提出感应电流的方向总是会阻碍外部磁场变化的人是俄罗斯物理学家海因里希·楞次（Heinrich Friedrich Emil Lenz，1804—1865），因此这条定律也被称为**楞次定律**。

电磁感应现象的应用

电生磁和磁生电原理的发现为人类实现技术新突破奠定了基础。如果没有电磁感应现象，或者人类还不会利用电磁感应现象，那么我们现在的生活与中世纪也不会有太大的不同。在电磁感应现象的启发下，人类终于掌握了发电的原理和技术。发电机之所以能够发电，核心就在于电磁感应现象。在本节中，我将讲解几个日常生活中利用电磁感应现象的实例。

首先来看一下发电机的工作原理。如图5-5所示，发电机的内部结构与图4-10中电动机的极其相似。两块磁铁之间形成了稳定的匀强磁场，中间有可以旋转的方形导线环。利用外力转动导线环，环内通过的磁场会随着时间不断变化而产生感应电流，具体可参考图5-3。这里需要注意的是，随着导线环的旋转，环内通过的磁场会反复地增强或减弱，因此环内感应电流的方向也会发生周期性的变化，即产生的是交流电而非直流电。当然，与电动机类似，如果给发电机安装上整

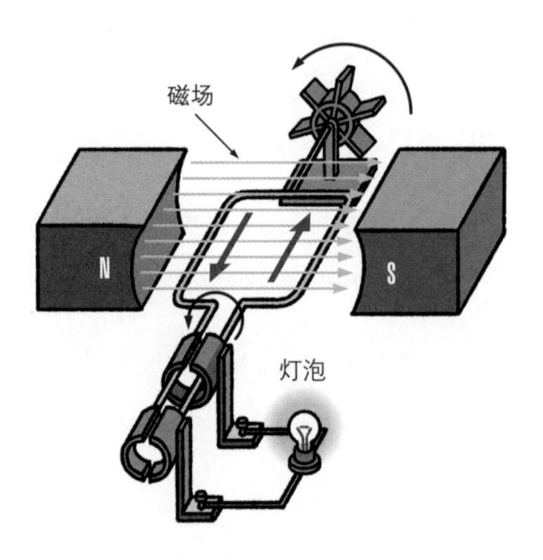

图5-5　发电机的构造

流子，就可以控制电流朝着一个方向流动，从而产生直流电。

你发现电动机和发电机的区别了吗？前者在通电后，线圈会受到洛伦兹力的作用而发生旋转，也就是将电能转换成动能（旋转）；后者则与之相反，它利用外部能量使导线发生旋转，利用电磁感应现象产生感应电流，也就是将动能转换成电能。当然，由于所利用的外部能量的种类不同，具体的发电方式也会有所不同。

例如，水力发电站利用水的落差来转动发电机，此时水的势能转换成带动导线旋转的动能而发电；火力发电厂及核电站利用燃料烧水后产生的蒸汽来转动发电机的涡轮，从而产生电能。图5-6就是几种比较常见的发电方式。

说起电磁感应现象，就不得不提一种装置，那就是变压器。变压器，顾名思义就是能改变电压的装置。一般来说，变压器是将发电厂输出的高压电降低，以供各个家庭等使用的装置。假设我们从日本购买了一个电子产品，由于日本的家用电压为100伏特，而韩国和中国的家用电压为220伏特，那么将日本的电子产品的插头直接插入韩国或中国的插座中，电子产品就会因被施加220伏特的电压而损毁。因此，要想在韩国或中国使用日本生产的电子产品，必须使用能将220伏特的电压降低至100伏特的变压器。另外，我们偶尔会听到新闻报道，夏季空调的使用量暴增，变压器超负荷运转导致跳闸，造成整个小区停电。

图5-6　几种比较常见的发电方式

图5-7左图展示了变压器的基本构造，图中的四方形是被称为磁芯（core）的磁性物质，可以看作磁场的通道。磁芯的两边分别缠绕着A线圈和B线圈，其中A

线圈连接供给电流的电源装置，而B线圈不连接任何东西。当交流电通过A线圈时，就会产生磁场，磁场沿着磁芯到达B线圈。因为通过A线圈的电流属于交流电，所以A线圈产生的磁场的方向会发生周期性的变化，那么通过B线圈的磁场也会不断变化。磁场的变化会引起电磁感应现象，从而B线圈中就会产生感应电流。

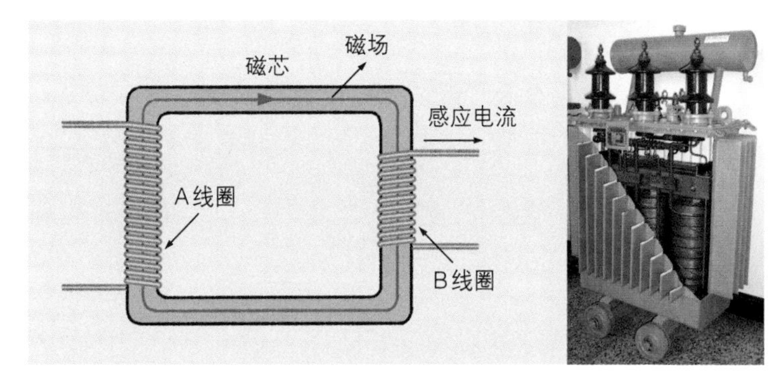

图5-7　变压器的基本构造和实图

而A线圈两端的电压和B线圈两端的电压与磁芯缠绕的线圈匝数成正比。假设A线圈的匝数为100，B线圈的匝数为50，那么当给A线圈施加220伏特的电压时，B线圈就会产生110伏特的感应电动势。那么，如何提高B线圈两端的电压呢？只要增加B线圈相对于A线圈的匝数即可。

上面，我们介绍了两个电磁感应现象的代表性应用实例——发电机和变压器。虽说它们是现代电器文明的基础，也是维持日常生活的必需品，但我们平时很少见到。那么，我们身边都有哪些东西利用了电磁感应现象呢？简单列举几个：无线充电技术、电磁炉、交通卡、金属探测器、磁悬浮技术……你发现它们的共同点了吗？对，都是以非接触的方式工作的。当然，手机放在无线充电器上时会发生物理性接触，但这与平时插入手机充电线进行充电的方式完全不同。并且它们大多数具有变压器中的双线圈结构。下面介绍一下最近迅速实现普及的无线充电技术和交通卡的工作原理。

目前，无线充电技术主要应用于手机等小型移动设备上，且应用范围在不断扩大。如图5-8所示，手机的无线充电器中搭载了用于电力传输的A线圈，以及用于电力接收的B线圈。当A线圈连接上电源、通过交流电时，该线圈会产生磁场，因为家庭用电属于交流电，所以磁场的方向会发生周期性改变。[①]因此，B线圈内就

---

① 据悉，目前用于无线充电的交流电的频率为数十万赫兹，即交流电的方向每秒改变数十万次，磁场方向的变化频率亦是如此。

会有不断变化的磁场通过，相应地发生电磁感应而产生感应电流。如上所述，无线充电器的原理就是利用感应电流给手机充电。电磁炉的基本结构是一样的，在A线圈中利用交流电源产生磁场，这也与无线充电器的工作方式一致，但不同的是，磁场产生的感应电流流向置于上方的容器（锅）并使之发热。此时的容器必须由具有导电性的材料制成。

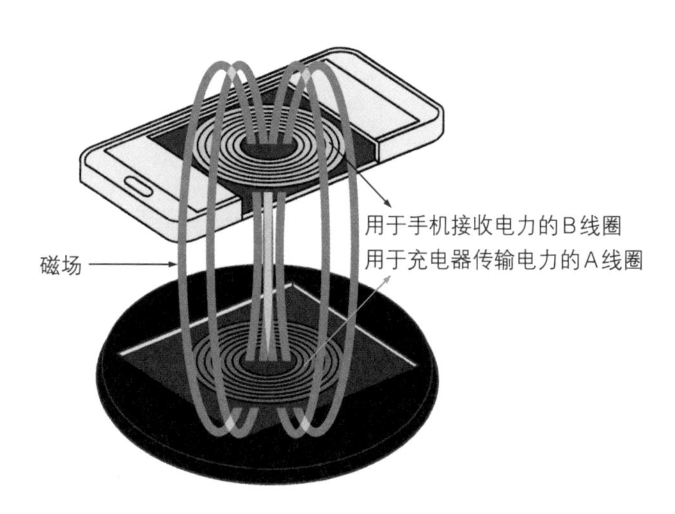

图5-8　无线充电器的原理

交通卡与终端机之间的通信也是基于电磁感应现象。图5-9演示了交通卡放在终端机上完成结算的过程。交通卡利用内部线圈生成变化的磁场，那么卡中内置的B线圈就会产生感应电流，该电流可以启动卡内半导体芯片进行信息处理，同时还可以与终端机进行通信。除了交通卡，金属探测器及地雷探测器的工作原理也是利用交流电产生磁场，同时探测金属及地雷产生的感应电流。我们身边常见的麦克风、电吉他等设备也都利用了电磁感应现象，类似的东西可以说是无处不在。

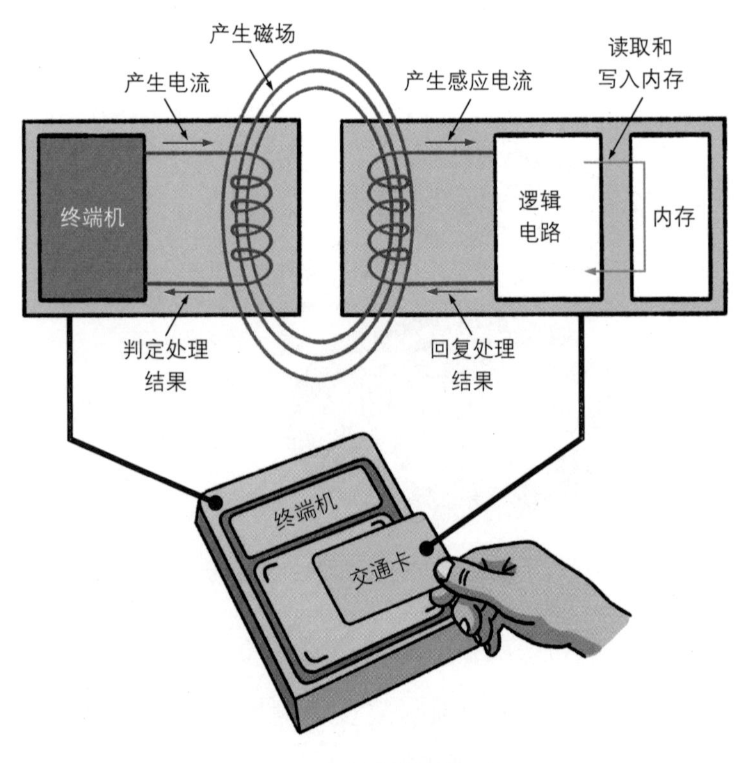

图5-9　交通卡的构造及原理

你有没有觉得越深入挖掘电与磁的关系，就越发感到神奇？电能生磁，磁也能生电。而在本次探索之旅的终点，我们将完全揭示电与磁的关系。它们之间的完美结合实现了“电磁波动”，即电磁波，而电磁波就是本次电磁世界探索之旅的终点站。让我们向着终点出发吧！

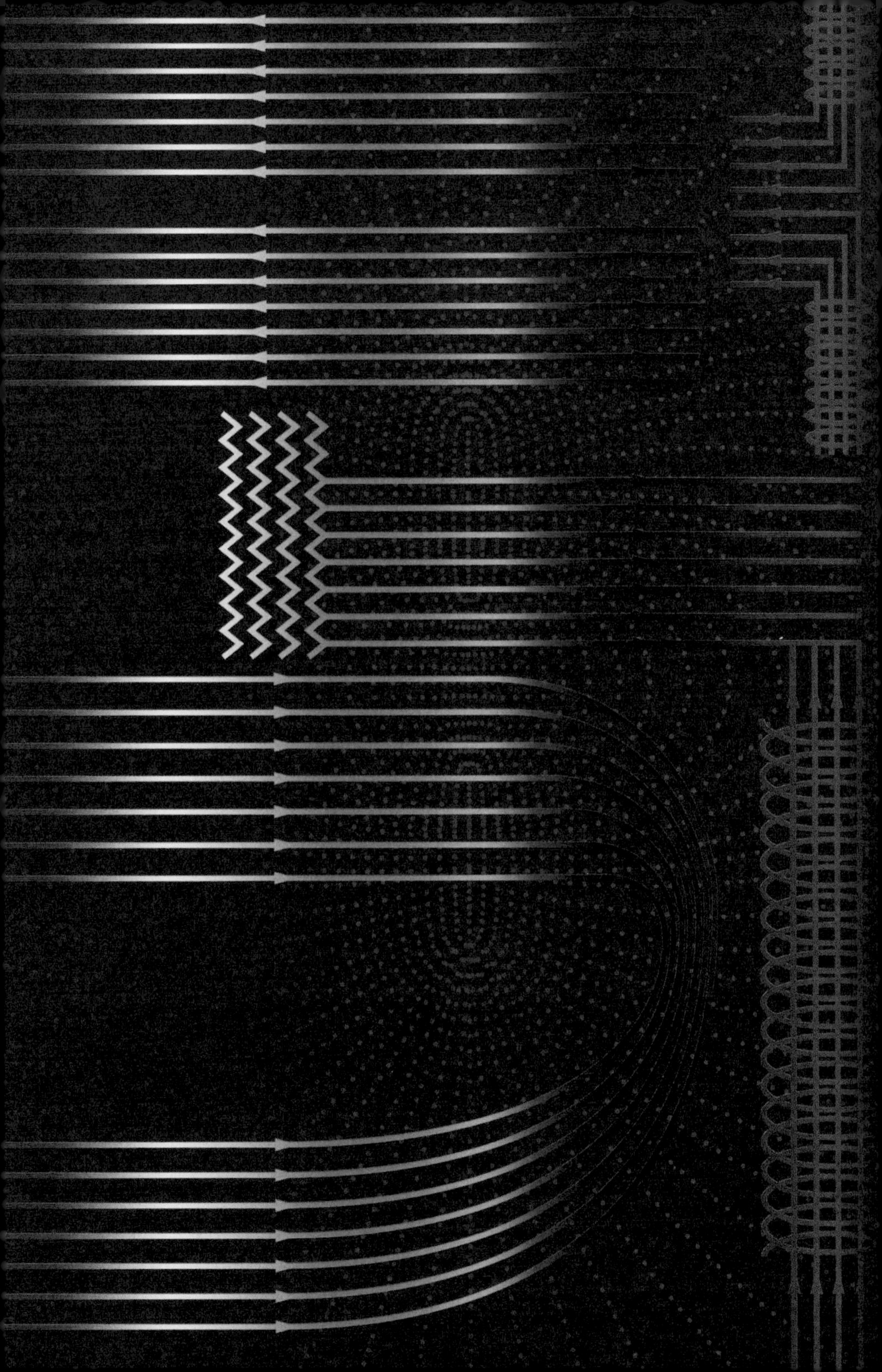

进入电磁波的世界

变化的磁场和电场

我们先来整理一下思绪再出发。在最初的“电之旅”中，我们认识了电荷及电荷之间存在的静电力，静电力以电场为媒介进行传递。紧接着，我们踏上了“磁之旅”，了解了磁铁和磁力。同时，我们还明白了电流会在周围形成磁场，因为电流是磁现象的本质；还懂得了磁生电的原理，磁场随时间变化会产生电磁感应现象，周边的导线环内会产生感应电流。在这个过程中，原先看似毫不相关的电和磁被紧密地联系在了一起。那么，这两者之间究竟存在一种怎样的联系？本章将为大家揭晓最终答案。

首先，回顾一下法拉第发现的电磁感应现象。如果反复置入和移出导线环内的磁铁，通过导线环的磁场会不断地发生变化，就会产生感应电流。变化的磁场相当于虚拟的电池，能够产生电压（感应电动势），从而使金属导线中的自由电子发生移动。而有了电压就意味着形成了电场，可以使电荷发生运动。如果在不断变化的磁场中并没有导线的存在，那么又会发生什么呢？如果在某个空间内只有一个电子而没有导线，该电子也会在电场的作用下发生运动吗？

仔细想想你就会明白，无论是导线中的电子，还是自由空间内的电子，其运动方式都是一样的。也就是说，变化磁场所产生的电压或电场作用与是否存在导线无关。关于这个问题，我们可以参照图6-1左图来看。在一定的空间内，如果磁场随着时间发生变化，即磁场增强或减弱，该磁场周围就会形成涡旋电场。如果电场内有环形导线，导线中的电子就会发生移动，从而产生感应电流。

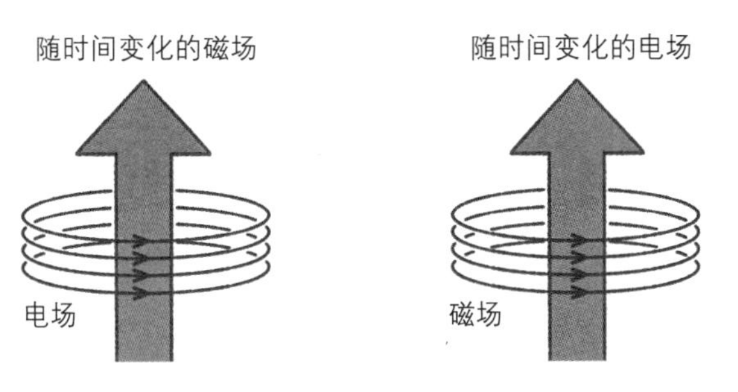

图6-1　随时间变化的磁场会产生电场，随时间变化的电场会产生磁场

这里还可以衍生出另外一个非常重要的问题。既然随时间变化的磁场能够发生电磁感应而产生电场，那么

反过来，随时间变化的电场是不是能产生磁场呢？如果上述假设成立，那么就会出现图6-1右图所示的情况。考虑到电和磁之间存在形影不离的关系，自然会产生这样的疑问：前面我们学习到电流的流动会在周围产生磁场，如果电场也能产生磁场，不就多了一条产生磁场的途径了吗？那么，通过何种方法来进行验证呢？也能用类似灵敏电流计的装置来确认吗？

图6-2会给我们启发，图中导线中间被两块金属板隔开，它们之间存有一定的间隔。在图示的情况下，从左侧给导线通电会发生什么呢？电流就是电荷的定向移动，电流的方向就是正电荷定向移动的方向，因此图中电流流入的左侧金属板上会不断积累正电荷，而电流流出的右侧金属板上会不断积累负电荷。[①]最终，相对的两块金属板所带电荷的极性相反。而如图1-7所示，电场的方向是由带正电的上侧金属板指向带负电的下侧金属板。随着电流的持续流动，两侧金属板上积累的电荷

---

① 实际上通过导线移动的是带负电荷的电子。因此，电子通过外部电路从左侧金属板流向右侧金属板，这样左侧金属板由于电子不足而带正电，右侧金属板由于电子累积而带负电。

量不断增加。电荷量越多，两块金属板之间的电场强度就越强，这样电场就会随着时间不断地发生变化。

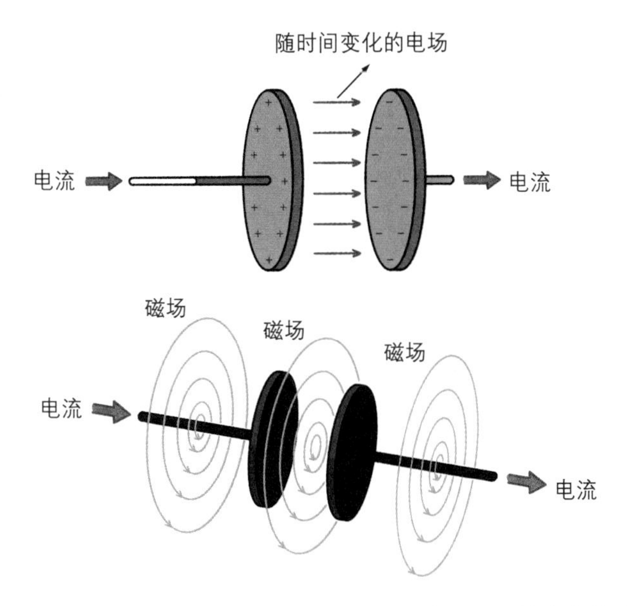

图6-2 两块金属板之间形成分布均匀且随时间周期性变化的电场，电场周围形成磁场

现在让我们把目光转向通电导线。如图6-2下图所示，通电导线周围存在磁场，因为是直导线，所以会产生以电流为中心的环形磁场。好，让我们回到金属板之间的中空区域。正如前文所述，通电导线周围会形成磁场。那么将导线断开，金属板之间没有电流，根据目前所学的知识，该中空区域应该不会形成磁场。然而，这

个时候出现了一位伟大的天才科学家——詹姆斯·克拉克·麦克斯韦（James Clerk Maxwell，1831—1879），他在仔细分析了“随时间变化的磁场能产生电场”的既有现象之后，进一步思考“随时间变化的电场是否能产生磁场”的问题。而事实上在图中两块金属板之间放置一个小磁针后，我们就能观察到小磁针会发生偏转。也就是说，即使没有电流，只要有随时间变化的电场，电场周围就会形成磁场。即，**随时间变化的电场能产生磁场！**[①]由此，麦克斯韦总结并提出了电磁场理论，证实了图6-1中两种情况都是正确的。

麦克斯韦统一了电和磁，明确了两者之间存在不可分割的关系。总体来说，电和磁之间的关系就如图6-3左图所示，变化的磁场能激发电场，反之，变化的电场能激发磁场，它们始终形影不离地交织在一起。那么，

① 两块金属板之间虽然没有电流的直接流动，但电场的变化能产生类似于电流流动的效果，也能产生磁场，麦克斯韦称其为位移电流。

这种电和磁之间的亲密关系究竟能给我们带来多大好处，以致我们必须了解呢？别着急，先通过图6-3讲解一个概念。

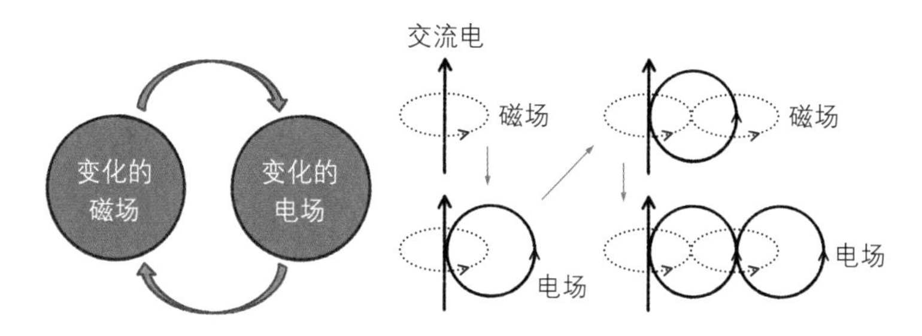

图6-3　相互联系且不可分割的磁场和电场

首先，假设一根导线内通有交流电，那么这根导线周围会形成磁场。既然是交流电，电流的方向会发生周期性的变化，那么磁场的方向就会随之发生周期性的变化。这样的磁场会在周围形成涡旋电场，由于磁场随时间不断变化，电磁感应产生的电场的方向也随时间不断变化。因此，磁场和电场会如图所示不断变化，相互感应并向外传播。这个过程类似于公园里的跷跷板。想要玩好跷跷板，就需要两个人的配合。一个人完成两脚撑地、用力下压的动作，另一个人趁势完成上升的动作，如此往复。

麦克斯韦根据自己创立的电磁理论，确认了变化的磁场和电场在相互感应的同时，不停地向外界扩散，他认为这就是一种波动（波）。说起波动，你最先会想到什么呢？是抓住绳子的一端使劲摇晃时产生的绳子波动，是海面上荡漾的水波，还是我们听音乐时通过空气振动鼓膜的声音波动（声波）？这些都是我们周围常见的波。

这些波都是通过某个特定的介质[①]发生周期性的振动。绳子波动的介质是绳子本身，水波的介质是水，而声波则是通过空气发生周期性的振动。从这个角度来说，我们很自然地就会把磁场和电场相互感应，发生周期性振动的现象称为波动，麦克斯韦将这一波动称为电磁波动，简称**电磁波**。另外，他通过计算发现电磁波的速度与当时已知的光速几乎相同。[②]因此，麦克斯韦认

---

① 在波动现象中，介质指的是传递波动的物质。随着介质的振动，波的振动和能量发生移动。而包括光在内的电磁波不需要介质也能发生波动，因此电磁波在近似真空状态的宇宙中也能传播。

② 真空中的光速约为每秒30万千米。1秒能跑30万千米，速度可谓是非常快。爱因斯坦的相对论认为，没有比光更快的物质。因此，光速在宇宙中是最快的，属于一种绝对常数。

为光是一种电磁波。麦克斯韦不仅统一电和磁建立了电磁学，还将电磁学和光学统一起来了。这也是他的伟大之处。

然而可惜的是，麦克斯韦没能亲眼看到自己的理论得到实验的证实。在他死后的1887年，德国物理学家海因里希·鲁道夫·赫兹（Heinrich Rudolf Hertz，1857—1894）通过实验证实了电磁波的存在。

赫兹在发现电磁波后，成功地验证了这一波动，这便是我们现在所说的无线电波。他还测定了该波动的多种特性，为电磁波的存在交出了一份完美的实验证明。一看到赫兹，你是不是马上就会联想到频率？没错，频率的单位就是赫兹。同用库仑作为电荷量的单位一样，人们为了纪念科学家赫兹的伟大成就，便以他的名字用作频率的单位。在赫兹通过实验发现并验证了电磁波后，伽利尔摩·马可尼（Guglielmo Marchese Marconi，1874—1937）等科学家们找到了将电磁波用于无线通信的方法。1901年，马可尼在位于大西洋两端的北美洲和欧洲之间成功地完成了人类首次横跨大西洋的无线通信。

无处不在的电磁波

在本节中，我将对电磁波进行更加详细的介绍。图6-4展示的就是振动的磁场和电场，即电磁波。可以把该图想象成电磁波向外传递过程中的某一个瞬间。变化的磁场会产生电场，变化的电场又会产生磁场，看出两者“比翼齐飞”了吗？有趣的是，磁场和电场的振动方向相互垂直，而两者的振动方向又与电磁波的传播方向相互垂直。需要特别说明的是，水波、声波、地震波等我们熟悉的波，就如前面所说，分别通过水、空气、地壳等介质的振动来传播，而电磁波在没有介质的情况下也能进行传播。因此，在近似真空状态的宇宙空间内，磁场和电场也可以相互感应，向外传递。太阳发射而出的巨量电磁波（太阳光）正因为如此可以穿越宇宙传递到地球，而我们人类正是依靠这一电磁波的能量才得以繁衍生息。

接下来，让我们来了解一下电磁波的分类吧！继续观察图6-4，从图中可以看出磁场或电场都有重复的部分吧？两个重复部分之间的长度叫作**波长**。波长是指波在一个振动周期内传播的距离。我们可以根据波长来对电磁波进行分类。

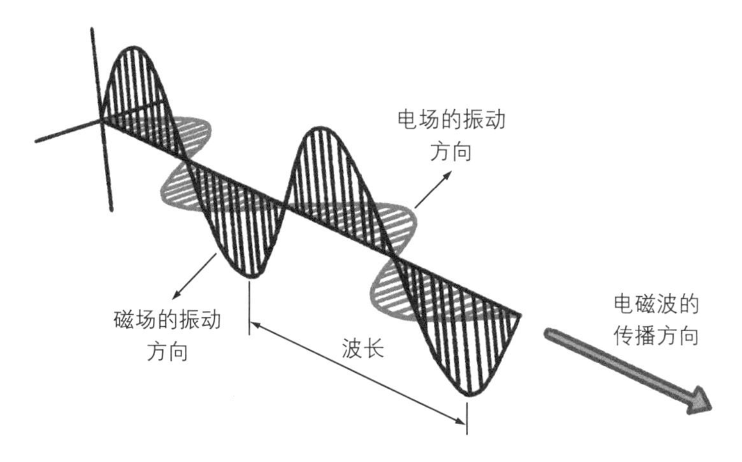

图6-4　随着磁场和电场的周期性振动，它们之间发生相互感应，并以光速向外传播，这种波动被称为电磁波

区分电磁波的另一种方法是频率。频率指的是波在1秒内振动的次数。频率为10赫兹，指的就是波每秒振动10次。波长和频率是紧密相连的两个物理量，波长乘频率就是速度[①]。电磁波的波长乘频率就是光速。而光

---

① 速度在数值上等于物体运动的位移与发生这段位移所用时间的比值。在这里，光速就等于电磁波振动一次后的波长与所需时间（周期）之比，而周期又等于频率的倒数。举例来说，如果周期是0.1秒，那么就代表1秒会振动10次，所以两者之间呈倒数关系。因此，波长除以周期的值就等于波长乘频率的值。

速是一个不变的常数[①]，即波长乘频率是常数，因此波长和频率成反比。换句话说，波长增大，频率就会减小；反之，频率减小，波长就会增大。下面我们以波长为尺度，对电磁波进行一下分类吧！

图6-5中罗列的各种电磁波，就是根据波长或频率进行划分的。其中，波长较长的有微波及用于各种广播的无线电波，波长较短的有红外线、可见光、紫外线、X射线、伽马射线等。从最下方的参照物中我们也能够看出，电磁波的波长范围非常广。

那么在这些电磁波中，我们最熟悉的是什么呢？没错，当然是我们可以用肉眼看到的可见光。可见光的波长为380～780纳米（nm，1纳米=10^{-9}米）。其中，波长在600纳米以上的部分是红色，随着波长变短，颜色会逐渐接近紫色，我们所熟知的彩虹就反映了光的这一颜色变化。波长比可见光长的电磁波有红外线、微波及用于广播通信的各种无线电波，而波长比可见光短的电磁波有紫外线、X射线、伽马射线等。关于电磁波和光的更多内容，请参考本系列的《原来这就是光》。

---

① 常数指的是数值不变的量。

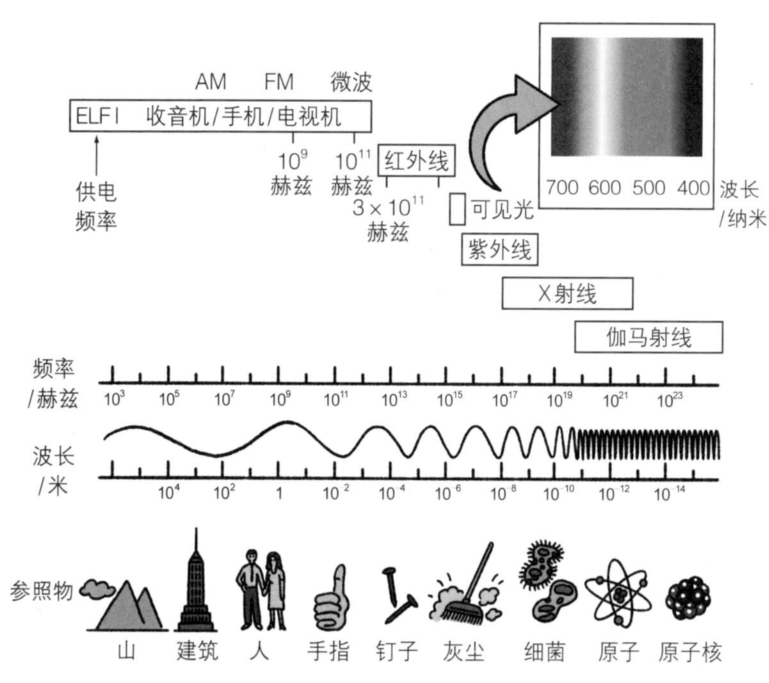

图6-5　你所看到的并不是全部，还有很多东西在看不到的地方默默地发挥着作用

光是看看生活中名称中带电磁波的常见用品，如紫外线防护霜、X射线检查、微波炉、红外热成像检测仪等，就能预想到它的应用之广。无论是首先创立电磁理论的麦克斯韦，还是首次用实验进行验证的赫兹，恐怕都无法想象当初自己发现的电磁波会在今天有着如此广泛的应用吧！

如何生成电磁波

通过前文的阅读，我们已经了解到电磁波是什么、电磁波的分类方法等内容。那么，现在就让我们来看一下电磁波是如何生成的吧！电磁波的生成方法其实就藏在图6-3里，即要想产生电磁波，首先要有随时间变化的电场或磁场。该图向我们展示了由交流电产生的电磁波。

现在来看图6-6，我们可以把它看作一种天线。天线是指用来生成并发射或接收一定波长范围内电磁波的装置。图中上下两根蓝色棒是通电电极，中间部分为交流电源。交流电源起到周期性改变两个电极极性的作用。也就是说，如果最初上面的电极带正电，下面的电

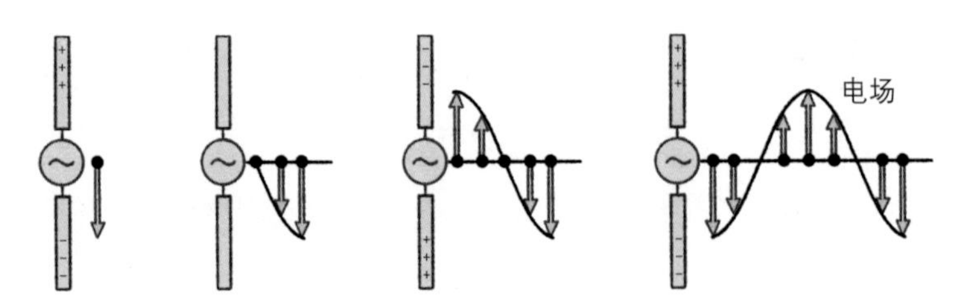

图6-6　极性发生周期性变化，电场随之发生变化

极带负电，那么接下来它们的极性会发生变化，下面的电极带正电，上面的电极带负电，如此周期性地循环往复。

如果电性不同的两种电荷分别位于两个电极上，正如图中所示的最左端的箭头一样，就会产生自上而下的电场，即从正电荷指向负电荷。而接下来极性会改变，两个电极的电荷量会不断减少，在极性改变之前，两个电极都会呈现中性。因此，电场强度也会逐渐减弱，最终变为零。接着极性改变，下面的电极就带正电，上面的电极就带负电。这说明电极的极性发生周期性变化可以产生电场。而这样又会产生什么呢？没错，会产生磁场。变化的电场会产生磁场，变化的磁场又会产生电场。图6-6中没有标出磁场，但两者相互感应并向外传播的图样已经在图6-4中进行了直观的展现。

其实，这里还隐藏着一个更为重要的原理。图6-6中的电荷在做什么运动呢？以正电荷为例，它在两个电极之间做往返运动，即振动，运动方向随时间的变化而变化。

在物理学中，运动可以分为匀速运动和变速运动。

匀速运动，顾名思义就是物体在任意相同的时间内通过相同的位移的运动。与之相反，变速运动是指速度随时间变快或变慢，或者在速度一定的情况下，运动方向发生改变的运动，比如匀速圆周运动。按照这一定义，图6-6中电荷所展现的运动就是变速运动。这里还隐藏着一个电磁波的生成原理，即做变速运动的电荷会产生电磁波。换句话说，当电荷运动的速度或方向发生改变时，就会产生电磁波。

再举一个例子。还记得第4章中提到过的加速器吗？圆形加速器内的电子高速绕行，它在改变运动方向时会释放X射线。X射线就是一种电磁波。你肯定还记得在改变电子这种电荷的运动方向时，利用了磁场产生的洛伦兹力的作用。但在当时并没有解释为什么电子的运动方向发生改变就会产生像X射线这样的电磁波。不过，现在你肯定明白这其中的缘由了。电子在储存环内绕行，运动方向发生改变就相当于做变速运动，电子做变速运动就会产生电磁波。

如图6-7所示，呈圆环状的部分是放射光加速器的储存环，即电子运动的场所，蓝色部分是用于改变电子运动方向的磁铁。在相邻磁铁之间的轨迹上，电子做直线运动。因为是匀速运动，所以电子在该区间内不会产生电磁波。当电子经过磁铁部分的时候，在受到洛伦兹力的作用而改变方向的瞬间，就会发射X射线，即朝绿色箭头所指方向。人们会在X射线出现的地方安装多种实验装置，以用于进一步研究。

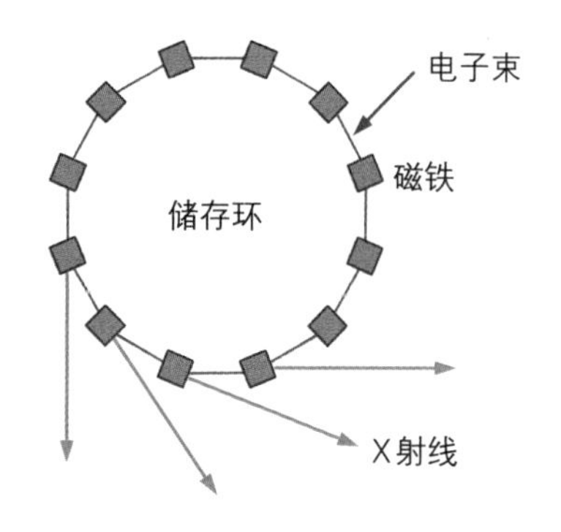

图6-7 放射光加速器内电子的变速运动产生X射线

综合上述，电磁波可以由电荷的变速运动产生，而这种电磁波依旧以同样的速度——光速向外传播，与波长无关。电磁波在我们生活中的意义重大，说现代人类文明就是电磁波文明也不为过。只要我们的日常生活还依赖电磁波，这一局面就不会发生改变。可能你还不清楚电磁及电磁波在我们生活中的具体应用，所以对此还无法感同身受。没有关系，在下一章中，我将列举更具体的例子进行说明，同时对电磁之旅所学到的各种概念和原理进行归纳和总结。

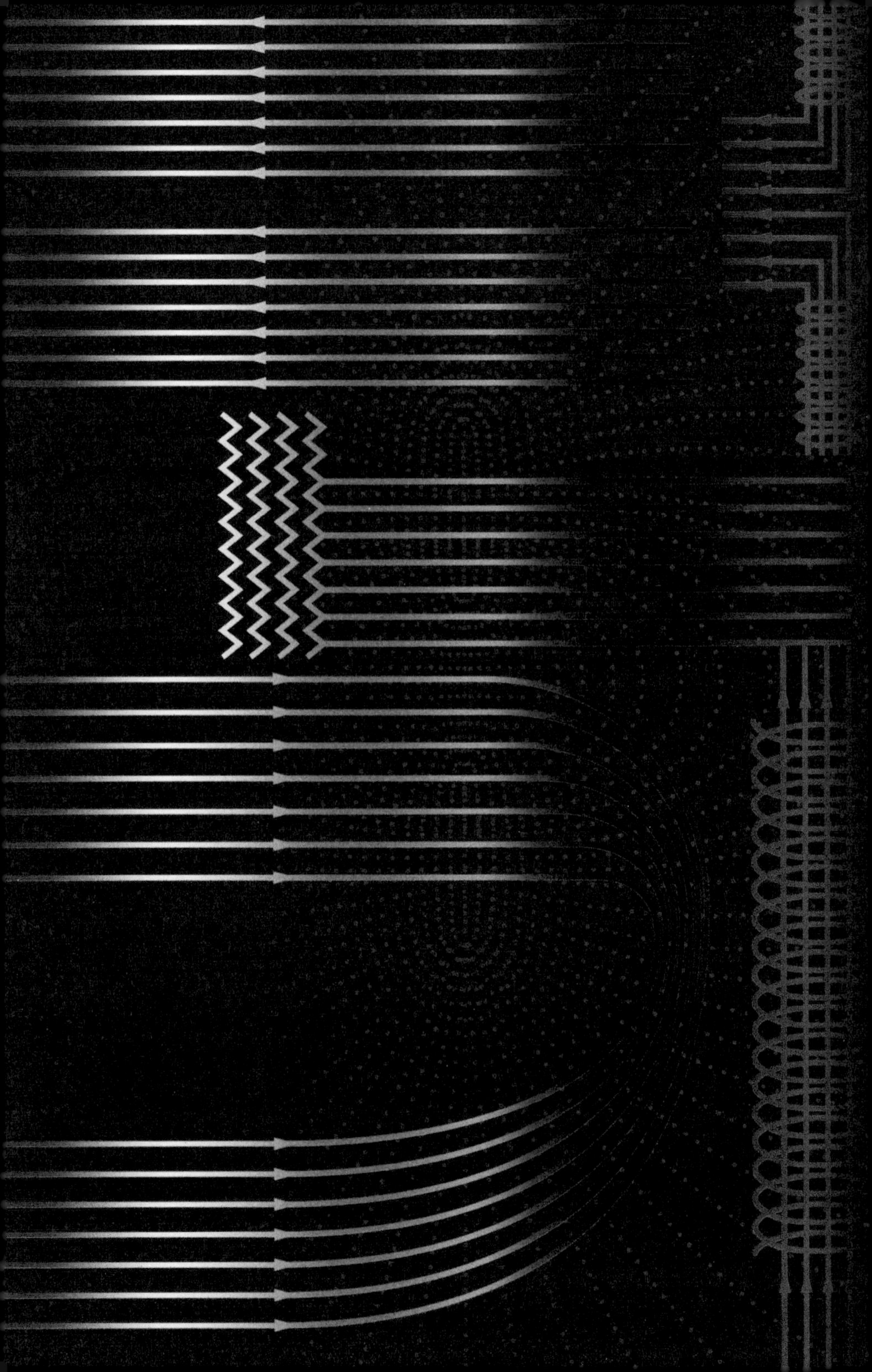

7

第四次工业革命时代

关于电和磁的神奇旅行马上就要结束了，不知道你有何感想呢？是不是既觉得很有意思，可又觉得电、磁、电磁感应和电磁波等各种概念和原理太多，很容易混淆。这太正常了，电磁理论本身就很难，哪怕是理工科专业的大学生也要学上一段时间，但这同时也说明电磁理论在理工科中的地位非常重要。

在旅行即将结束时，我们将从另一个角度来审视电和磁，就是看看我们日常生活中接触到的技术是如何应用电磁学基本原理的。第四次工业革命，最近经常听到吧？“第四次”就意味着以前有过三次工业革命。因此，在理解第四次工业革命之前，让我们先了解一下第一、第二、第三次工业革命。

第一次工业革命是指18世纪60年代从英国发起的，以蒸汽机为基础，纺织、钢铁、机械等产业蓬勃发展的技术革命。这些产业开启了大规模生产的时代，随着铁路等运输手段的发展，物资得以迅速供应到城市。到了

19世纪60年代后期，电力的正式应用，通信手段及内燃机的革命性发展宣告了第二次工业革命的来临，白炽灯、电话、收音机、无线通信等电器和技术登上了历史舞台。而从20世纪四五十年代开始，随着电脑和网络的发展，引发了所谓的第三次工业革命，也被称为“信息革命的时代”。办公室和工厂实现了自动化，出现了大量以互联网这一虚拟空间为基础的公司。

现在，第四次工业革命离我们越来越近，事实上最近关于第四次工业革命的实体是什么的争论有很多。有人认为，进入21世纪后，机器人工程、人工智能、虚拟现实、物联网①等网络技术急剧发展，它们给产业和文明带来的变化是第四次产业革命的主轴。但也有人持反对意见，认为这些技术的发展还是进行时，将其称为“第四次工业革命”的根据还不够充分。尽管这个实体尚不明确，但人们所关注的新技术革新的确给现在带来了巨大的变化。

---

① 物联网（Internet of Things, IoT），是指利用各种电子设备内置的通信模块和传感器连接到互联网的技术。如果该技术得到应用，就可以通过无线通信远程操控各种设备。例如，不在家的时候，可以用手机启动家中接入物联网的空调或空气净化器。

超链接社会中的电磁波

如今，连接性或网络成为人类所享有的信息通信文明的重要关键词。来自个人、事物、团体、机构、国家等多方面的海量信息，通过各种通信网不断地传递和共享。我们使用手机上网就像进入了一片浩瀚的信息海洋。此外，现在的我们不再像以前那样通过报纸或电视台新闻被动地接收信息，而是主动地寻找信息并进行交流。即便相隔千里，我们也能通过网络实时互联。如今的通信环境速度极快，还连接了使用者等很多内容，与过去有很大的差别，于是人们用“超链接”一词来指代。

回想一下坐在电脑前的自己，我们周边空间里包含哪些通信呢？一提到通信，相信你最先想到的就是网络和手机，还有 Wi-Fi、蓝牙等连接附近设备的近场通信技术。另外，别忘了一直以来围绕在我们身边的电视广播信号、GPS[①] 及卫星广播信号等。

---

① GPS是全球定位系统（global positioning system）的简称，是一种利用人工卫星发射的信号来确定当前位置等信息的系统。

我们来看看已经普及到家庭的互联网吧！今天的互联网主要是利用光通信铺设构建而成的。光通信的传输媒介——光纤（optical fiber），是指能够作为光传导工具的玻璃纤维。准确地说，就是利用肉眼不可见的红外线脉冲[①]来传达信息。然而，如果我们想利用平板电脑或智能手机等便携式设备上网，就可以通过无线通信技术（Wi-Fi）进行无线连接。

Wi-Fi是指将附近装置连接到路由器的通信技术，包含于无线局域网（wireless local area network, WLAN）中。那么，在便携式设备和路由器之间传递信息的又是谁呢？就是我们在第6章学习过的电磁波。Wi-Fi使用的电磁波频段为2.4千兆赫和5千兆赫两个频段。这一频段内电磁波的波长为10厘米左右。那么，负责鼠标、耳机、智能手机等便携式设备之间近场通信的蓝牙（bluetooth）又如何呢？它使用的电磁波频段是2.4～2.48千兆赫，与Wi-Fi类似。

不过话说回来，要论无线通信应用的“皇冠”，当

---

① 脉冲是指极短时间内放出的电磁波。反复开、关红外线激光即可产生红外线脉冲。

属我们每天使用的手机。你知道吗？手机是通过连接到周边基站进行工作的。给朋友打电话的时候，手机就会连接到最近的基站，我们的语音信号会经过几个步骤传递到离朋友最近的基站。尽管基站和基站之间是有线连接，但在我们和基站之间传递声音的却是电磁波，朋友的手机和基站的连接亦是如此。手机等移动通信设备使用的电磁波频段为0.8～3.5千兆赫。

除此之外，还有一种被称为LTE（long term evolution，长期演进）的无线通信技术。移动通信公司使用的电磁波频段受到国际机构和各国政府的严格分配与管理。之所以这样，是因为如果每个国家或企业都能随意使用自己想要的频率，电磁波之间就会发生干涉，引发很大的混乱。

而最近，移动通信环境正在发生巨大的变化。2019年10月31日，中国5G（第五代移动通信技术）正式商用，目前已有数亿的用户。“G”这个字母是英文单词“generation”的缩写，意指移动通信技术的发展阶段。几年前，推出2G、3G、4G服务的时候，移动通信公司之间的竞争非常激烈，各种广告层出不穷，相信你肯定还有印象。过去的移动通信技术只能传递声音信号，而现如今发展到几秒钟就能下载一部电影的程度，成为连接个人和个人的必需手段，不由得让人有隔世之感。

那么，5G与之前的移动通信技术有什么区别呢？5G的关键词有超高速、超低延迟、超链接等。与之前的移动通信技术相比，大幅减少的时间延迟和大幅提升的信息传递速度有望对物联网、智能工厂、无人驾驶等各种新兴产业产生积极的影响。目前，它使用3.5千兆赫的频段，同时还部分借助了LTE技术。相信在不久的将来，在完全从现有的移动通信技术中独立之后，将使用频率扩大到28千兆赫的高频电磁波。

在这里，有必要简要地谈谈电磁波的频率和通信的特征。在无线通信中，频率提高，传送数据的带宽就会增加，同一时间内就能发送更多的数据。这种带宽的增加类似于现实中的道路拓宽，车道变宽后就能够行驶更多的车辆。但电磁波有一个特点，就是随着频率的提高，绕射能力减弱，越趋向于直线传播。正如第6章所述，这是因为频率提高，电磁波的波长就会变短。而长波长的电磁波可以绕过障碍物进行传播，但是高频电磁波的波长变短，就很难绕过障碍物，容易被建筑物等阻挡而难以实现通信。因此，一个5G基站的覆盖范围很小，移动通信公司密集地建设了很多的小基站（small cell），以确保通信网络的顺畅。这样一来，有了更多的天线可以给每个人发射电磁波，就像给舞台上的演员照射追光灯一样，通信质量有望得到进一步提高。

怎么样？没想到在我们看不见的周围空间里，还有各种电磁波承载着各种信息在努力工作吧？在今天这样无线通信早已普及，还出现了更快、更强大的通信技术的时代，人与人之间已经通过电磁波连接起来。此外，数字网络的主人公不再局限于人。如今，连接事物和事物的物联网的重要性也日益凸显，其比重有望持续增加。首次创立电磁理论的麦克斯韦、首次通过实验验证电磁波存在的赫兹、首位成功实现横穿大西洋无线通信的马可尼等，或许都没有想到电磁波会给人类文明带来如此翻天覆地的变化。在超链接时代，电磁波的作用和影响力将进一步彰显，由此带来的新机会和新可能会让我们的生活更加美好。不对，我们应该共同努力，让所有人都能共享这一新机会和新可能。

移动生活的必需品

在本节中，我们要来谈谈对当今生活至关重要的另一种技术。首先猜一猜下列设备的共同点是什么？手机、电动车、笔记本电脑、平板电脑、电子手表、蓝牙耳机……没错，这些设备都内置电池。当我要出差的时候，首先会想到要带上充电器和适配器。当手机电池剩余电量下降时，地球上的每个人所感受到的不安恐怕都是相通的。从这一方面来看，电池称得上是现代人移动生活的必需品吧？

下面，我们就来了解一下电池技术吧！电池是储存电能的代表性装置。在第5章中，我们学习了电磁感应这一人类获取电能的方式，即线圈的磁通量发生改变，就会产生感应电动势，从而驱使电子流动，形成感应电流。这也是发电机发电的基本原理。而电池是我们获取电能的另一种具有代表性的方式。如今，便携式设备最常用的锂离子电池的发明者还获得了2019年诺贝尔化学奖[①]。可见，电池技术对我们生活的影响之深远。

电池是将化学能转化为电能的装置，利用化学反应来增加电荷的电势能并储存在内部。它相当于一个把水引到重力势能高处的水泵。这样储存的电荷在使用的时候，就可以形成电流。电池可以分为一次电池和二次电池，前者在使用一次后就会废弃掉，而后者可在充电后重复使用。一次电池的代表就是我们生活中常用的干电池，而二次电池的代表则是各种便携式设备使用的锂离子电池。尽管电池的成分和种类有很多，但基本都是由正极、负极及两者之间的导电介质组成的。

接下来，我们将通过目前使用最多的二次电池，也是被2019年诺贝尔化学奖所钟情的锂离子电池，来了解一下电池的原理。锂（Li）的原子序数为3，在离子状态下以+1价的阳离子（Li^+）存在。如图7-1所示，

---

① 约翰·古迪纳夫（John B. Goodenough，1922— ）、斯坦利·威廷汉（Stanley Whittingham，1941— ）及吉野彰（Akira Yoshino，1948— ）三位科学家因在锂离子电池研发领域的贡献而获得了2019年诺贝尔化学奖。特别是古迪纳夫教授以97岁的高龄，成为历届诺贝尔奖获得者中年龄最大的一位。

该电池由正极、负极、两者之间的电解质溶液[①]及隔膜四部分组成。在这里，隔膜的作用是分隔正极与负极，以免两极接触而发生短路；同时，隔膜上有细微的孔，以保证锂离子能够自由移动。两个电极之间充满了电解质溶液，锂离子通过该溶液在正极与负极之间移动。

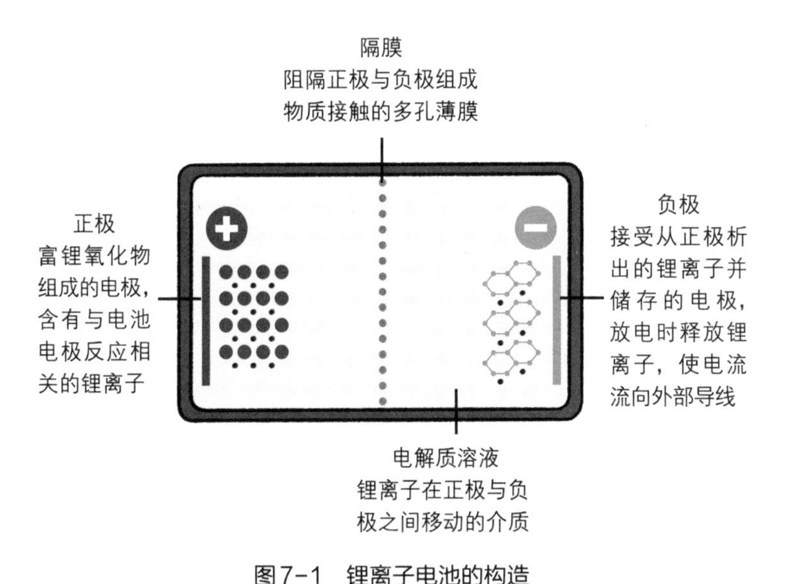

图7-1　锂离子电池的构造

那么，锂离子在哪里呢？锂，或者富锂氧化物，是构成电池正极的主要成分。当从外部施加电压进行充电

---

① 电解质是溶于水溶液中或在熔融状态下自身发生电离并导电的化合物。例如氯化钠（食盐的主要成分）溶解在水中，会电离成氯离子和钠离子，形成导电的电解质溶液。

时，正极的锂以阳离子的形式析出，通过电解质溶液向负极移动。此时，剩余的电子通过外部导线流向负极。在此过程中，锂离子的电势能会增加，就像球从山坡下被推到山坡上，或者用水泵从低处抽水到高处一样。之后，在使用充电电池时，锂离子从负极通过电解质溶液流向正极，电子再次通过外部导线进行流动，形成导线所连设备所需的电流，升高的电势能得到利用。

锂离子电池能进行数百次乃至数千次的充放电过程，同等空间下所能储存的电能很大，故成为当今便携式设备用二次电池的代表。近年来，它的用途不再局限于手机等小型设备，还扩大到了电动汽车等大型设备领域，成为其核心部件。对于汽车，内燃机时代终结的帷幕已经拉开，正在迈入电动化时代，针对电池的理论研究和技术开发将更加活跃。

硬盘和磁场

上文中，我们学习了无线通信技术和电池技术的相关内容，相信你已从中明白了电磁学基本原理的重要性，以及它如何潜移默化地影响现代文明的核心技术。懂得了当今的革命性技术与电磁学的联系，也就到了真正该说再见的时候了。什么？为什么不举一个磁技术的应用例子呢？哎呀，差点儿忘了。

事实上，除电和电磁波之外，磁相关技术的应用领域也非常广泛，其中最具代表性且我们经常接触到的例子就是电脑里的硬盘。之所以不说那些尖端技术，而是拿可能我们从小就接触到的硬盘举例，是因为硬盘运用了我们在磁领域学过的大部分原理。磁带等磁介质存储装置的原理与之类似，所以说，硬盘是复习磁相关知识的最佳示例。

如图7-2所示，在硬盘的基本结构中，最核心的部分是磁盘。磁盘表面涂有薄薄的一层氧化铁等磁性物质。所谓的磁性物质，就是在磁体的磁场作用下朝一个方向排列的物质。换句话说，我们可以把涂层的磁性物质变成有N极和S极的微型磁铁，并按照单位区域——扇区进行排列。这时，假使N极的排列方向是左、右或上、下两个方向，就可以将N极的排列状态对应于二进制数[1]中的0或1。如果扇区内磁性物质的N极朝上是0，那么N极朝下就是1。而负责排列工作的正是悬浮在扇区上面的磁头。让我们重新回到示意图中，会发现磁头是用线圈缠绕在被称为磁芯的铁芯上制成的。想象一下，如果电流通过线圈，那么会发生什么呢？没错，磁场会随电流产生，并沿着磁芯“流动”。而这个磁场使

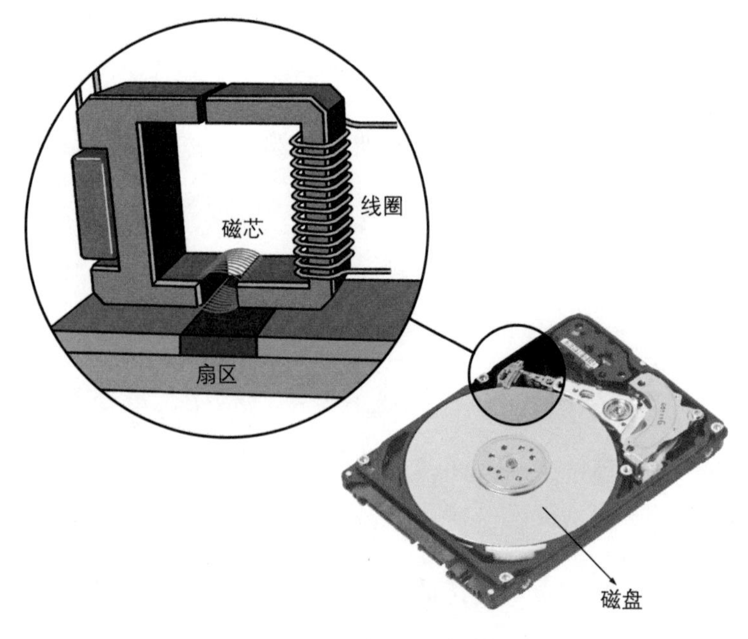

图7-2　硬盘的基本结构

① 我们在日常生活中使用的十进制数是用0～9这十个数字来标记的数字体系，但在二进制数中，只用0和1这两个数字来标记。

磁芯下面的磁性物质被磁化，并决定其磁极的方向。这就是在硬盘上存储数据的过程。

那么，硬盘又是如何读取数据的呢？假设现在磁芯靠近已存储数据的扇区，即磁性物质根据数据完成排列的扇区，这就意味着磁芯靠近扇区中的微型磁铁。此时，磁芯所受到的磁场改变，而线圈所受到的磁场随之改变。如果通过线圈的磁场发生变化，那么会发生什么呢？没错，根据电磁感应原理，线圈中会产生电流。该电流的方向因微型磁铁的磁极方向及由此产生的磁场方向而异，因此通过电流的方向就能读取已存储的数据。是不是觉得很神奇？只需要一个我们平时经常使用的硬盘，就完美再现了各种电磁学基本原理。当然，现在更普遍的是利用物质的磁阻效应（某些金属或半导体的电阻随外加磁场变化而变化的现象）来代替上述的传统方式。

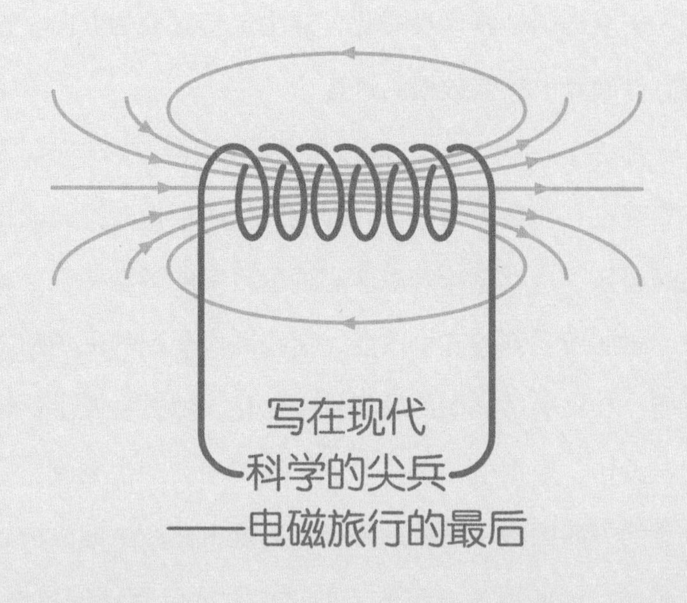

写在现代科学的尖兵——电磁旅行的最后

到目前为止，你对本次旅行感觉如何？本书一开头，就通过生活中各种电磁现象，介绍了“电”和“磁”这一对孪生兄弟。随着旅行的进行，我们知道了这两种现象以电流为媒介相互关联；在明白了电流的流动会产生磁场，磁场的变化会产生电场，电场的变化又会产生磁场之后，才理解了电磁波的真面目。我们也具体分析了电现象和磁现象交融出现电磁波的过程。在法拉第和麦克斯韦的努力下，电学、磁学、电磁波学及光学融为一体。

但旅行并没有在此结束，麦克斯韦创立的电磁理论最终演变成爱因斯坦的相对论。很抱歉在旅行快结束的时候还要说一些“烧脑”的话。假设有一个正电荷，我们在它旁边不动，可以测得该正电荷产生的电场。现在假设这个正电荷不动，我们从一旁跑过并观察它，如果将参照物设定为自己，那么在我们眼里，自己静止不动而正电荷从我们身边经过。电荷移动意味着会有电流流动，那么该电荷产生的磁场也能够被测定。在电荷静止的前提下，如果我们静止，就会产生电场；如果我们动起来，那么除电场之外，还会产生磁场。这样说来，电磁场的实体会根据我们和电荷的相对运动情况而发生改变吗？答案并非如此。相反，这种情况恰恰从另一方面证明了电场和磁场是同一现象。

之所以在本书的最后部分讲述上述情况，是因为我并不想就此结束电磁旅行，而是希望给大家提供一些建议。爱因斯坦的相对论，就可以完美理解电场与磁场、电力和磁力之间的关系。另外，电磁理论与量子力学等现代物理学的发展也紧密相关。读完这本书，站在本次短暂旅行的终点，相信你已经对电和磁有所了解，但同时你又站在了下一次新旅行的起点之上。我想，只有当你进入新的学习阶段的时候，才能开始新的旅行。

当今的科学技术发展和文明演进过程瞬息万变，在这一过程中，努力更好地理解电磁学等现代科学也许是现代人的宿命。真心祝愿你在今后的新旅行中一切顺利！

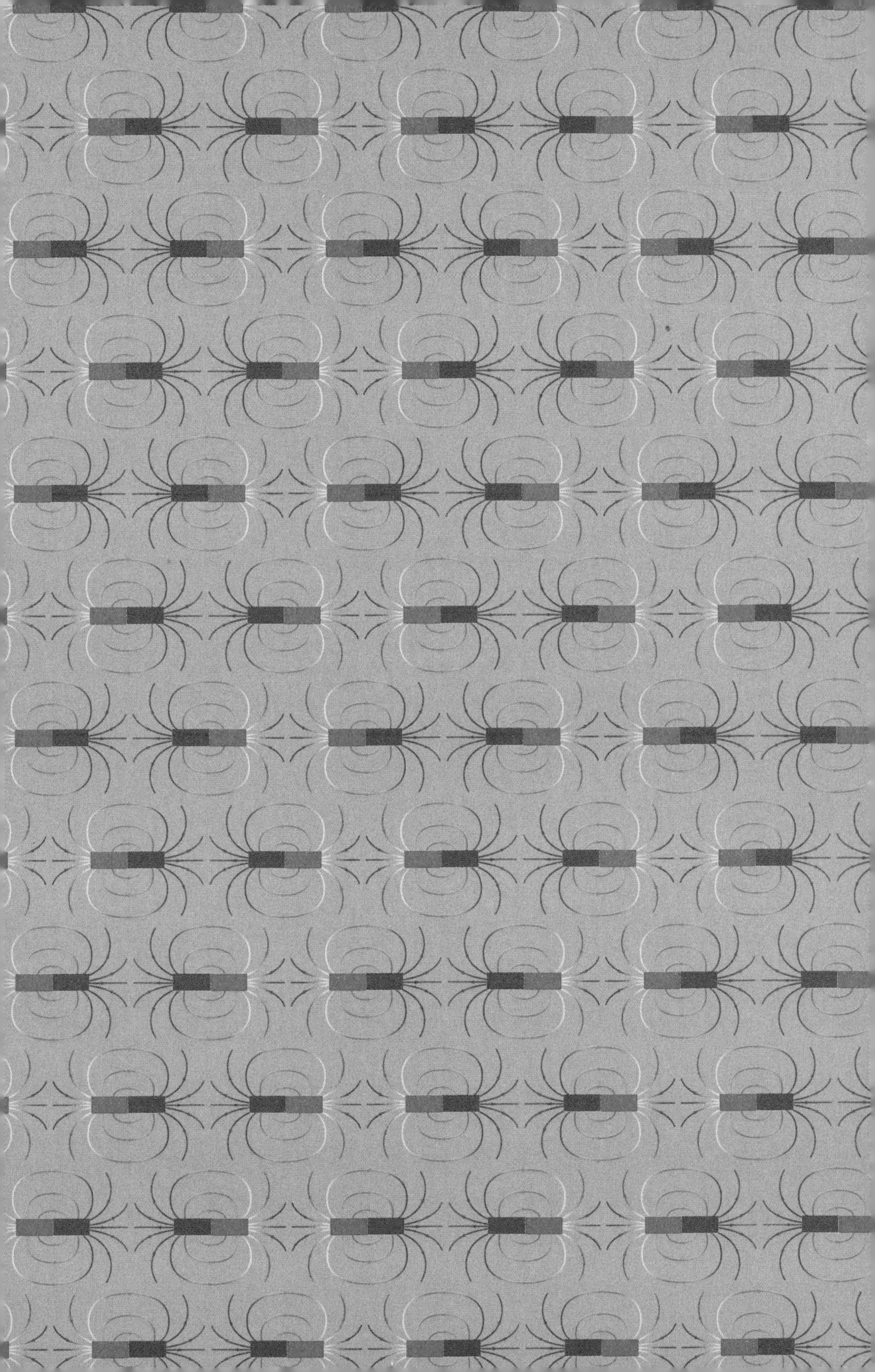

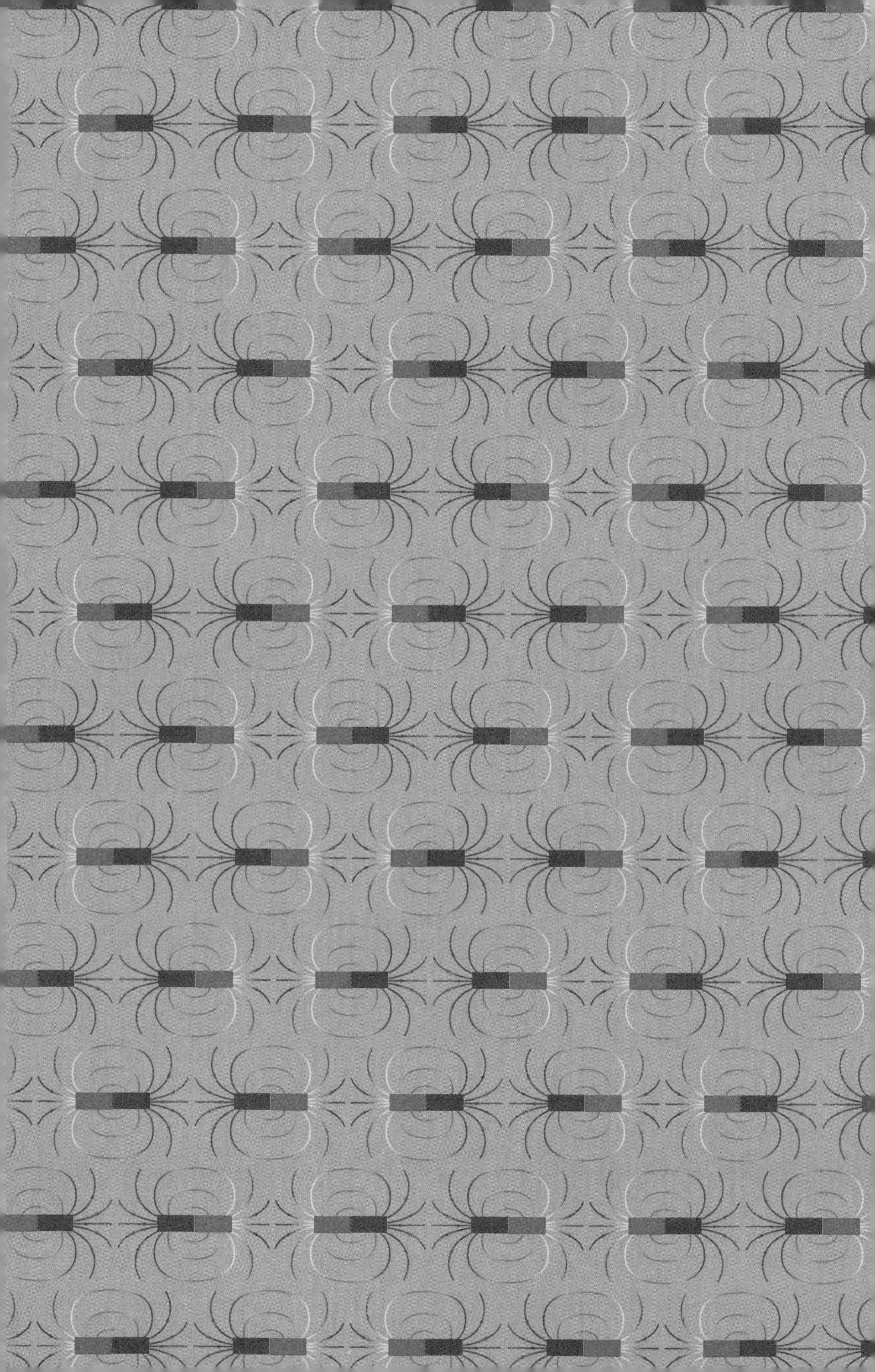